Ciências

Projeto Ápis

2º ano

Rogério G. Nigro
Doutor em Ensino de Ciências e Matemática
pela Faculdade de Educação da Universidade de São Paulo (USP).
Mestre em Biologia
pelo Instituto de Biociências da USP.
Pesquisador em ensino e aprendizagem de Ciências.
Ex-professor na rede particular de Ensino Fundamental e Médio.
Assessor de escolas na rede particular de Ensino Fundamental e Médio.

editora ática

editora ática

Direção de inovação e conteúdo: Guilherme Luz
Direção editorial: Luiz Tonolli e Renata Mascarenhas
Gestão de projeto editorial: Tatiany Renó
Gestão e coordenação de área: Isabel Rebelo Roque e Tatiana Leite Nunes
Edição: Daniella Drusian Gomes, Gustavo Eiji Kaneto, Mayra Sayuri Hatakeyama Sato, Regina Melo Garcia e Rodrygo Martarelli Cerqueira (editores), Julia Silva Beneti, Luiza Henriques Ostrowski e Priscylla Moll Nihei (assist.)
Gerência de produção editorial: Ricardo de Gan Braga
Planejamento e controle de produção: Paula Godo, Roseli Said e Marcos Toledo
Revisão: Hélia de Jesus Gonsaga (ger.), Kátia Scaff Marques (coord.), Rosângela Muricy (coord.), Ana Curci, Brenda Morais, Claudia Virgilio, Gabriela Macedo de Andrade, Larissa Vazquez, Patricia Cordeiro, Patrícia Travanca, Raquel Taveira e Sueli Bossi
Edição de arte: André Gomes Vitale (coord.), Alexandre Miasato Uehara (edição de arte), e Christine Getschko (abertura de unidades)
Diagramação: Barbara de Souza Silva, Lisandro Paim Cardoso, Lourenzo Acunzo, Renato Akira Belarmino Dos Santos
Iconografia e licenciamento de texto: Sílvio Kligin (superv.), Denise Durand Kremer e Cristina Akisino (coord.), Roberto Silva, Enio Lopes (pesquisa iconográfica) e Luciana Sposito (licenciamento de textos)
Tratamento de imagem: Cesar Wolf e Fernanda Crevin
Ilustrações: Giz de Cera, Hagaquezart Estúdio, Ideário LAB, Kami Queiroz, Mouses Sagiorato
Cartografia: Eric Fuzii (coord.) e Robson Rosendo da Rocha
Capa: Gláucia Correa Koller (coord.) e Talita Guedes da Silva
Ilustração de capa: Rafa Miqueleto
Projeto gráfico de miolo: Gláucia Correa Koller (coord.) e Talita Guedes da Silva

Avenida das Nações Unidas, 7221, 3º andar, Setor A
Pinheiros – São Paulo – SP – CEP 05425-902
Tel.: 4003-3061
www.atica.com.br / editora@atica.com.br

Dados Internacionais de Catalogação na Publicação (CIP)
(Câmara Brasileira do Livro, SP, Brasil)

Nigro, Rogério Gonçalves
Projeto Ápis : ciências : 2º ano / Rogério Gonçalves Nigro. -- 3. ed. -- São Paulo : Ática, 2017.

ISBN: 978-85-0818-498-9 (aluno)
ISBN: 978-85-0818-499-6 (professor)
1. Ciências (Ensino fundamental) I. Título.

17-06551 CDD-372.35

Índices para catálogo sistemático:

1. Ciências : Ensino fundamental 372.35

2018
ISBN: 978-85-0818-498-9 (AL)
ISBN: 978-85-0818-499-6 (PR)
Código da obra CL 740076
CAE 621852 (AL) / 621853 (PR)
3ª edição
3ª impressão

Impressão e acabamento: Brasilform Editora e Ind. Gráfica

Uma publicação SOMOS EDUCAÇÃO

APRESENTAÇÃO

PROVAR, QUERER, GOSTAR...
ASSIM É APRENDER A SENTIR,
A VER, A OUVIR, A TOCAR, A CRIAR...
UM POUQUINHO DE CADA VEZ,
UM POUQUINHO A VIDA TODA.

AMBIENTES E SERES VIVOS,
NOSSO CORPO E O MUNDO
QUE NOS CERCA. TUDO ISSO
VOCÊ ENCONTRA NESTE LIVRO,
QUE TAMBÉM É UMA SEMENTE.

UMA SEMENTE QUE DEPENDE
DE VOCÊ PARA BROTAR
E PARA DAR BONS FRUTOS.

PROVAR, QUERER, GOSTAR:
AGORA, É SÓ COMEÇAR!

O AUTOR.

Ideário LAB/Arquivo da editora

CONHEÇA SEU LIVRO

VEJA A SEGUIR COMO SEU LIVRO DE CIÊNCIAS ESTÁ ORGANIZADO. DEPOIS, COM UM COLEGA, FOLHEIE O LIVRO E DESCUBRA TUDO O QUE ESTÁ APRESENTADO NESTAS PÁGINAS.

Unidade 3
O dia, a noite e o tempo

- Nesta imagem, o que é visível no céu?
- Quais seres da imagem são mais ativos durante o dia? E quais são mais ativos durante a noite?
- Como está o tempo? Alguma das crianças sente frio?

99

UNIDADES

ESTE LIVRO É DIVIDIDO EM QUATRO UNIDADES. NO INÍCIO DE CADA UMA HÁ UMA IMAGEM SOBRE O ASSUNTO A SER ESTUDADO.

CAPÍTULOS

SÃO 12 CAPÍTULOS NO TOTAL. CADA UM DELES É COMO UMA HISTÓRIA, COM INÍCIO, DESENVOLVIMENTO E FINALIZAÇÃO, NA FORMA DE ATIVIDADES.

SE APARECER UMA PALAVRA OU EXPRESSÃO COM FUNDO VERDE, CONSULTE O GLOSSÁRIO NO FIM DO LIVRO.

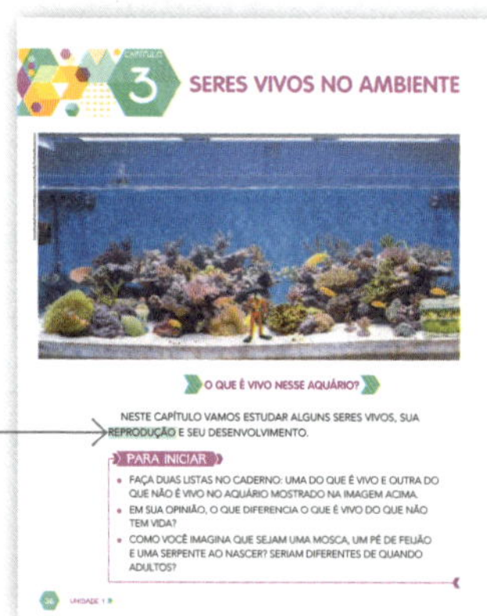
3 SERES VIVOS NO AMBIENTE

O QUE É VIVO NESSE AQUÁRIO?

NESTE CAPÍTULO VAMOS ESTUDAR ALGUNS SERES VIVOS, SUA REPRODUÇÃO E SEU DESENVOLVIMENTO.

PARA INICIAR

- FAÇA DUAS LISTAS NO CADERNO: UMA DO QUE É VIVO E OUTRA DO QUE NÃO É VIVO NO AQUÁRIO MOSTRADO NA IMAGEM ACIMA.
- EM SUA OPINIÃO, O QUE DIFERENCIA O QUE É VIVO DO QUE NÃO TEM VIDA?
- COMO VOCÊ IMAGINA QUE SEJAM UMA MOSCA, UM PÉ DE FEIJÃO E UMA SERPENTE AO NASCER? SERIAM DIFERENTES DE QUANDO ADULTOS?

PARA INICIAR

AQUI VOCÊ E OS COLEGAS CONVERSAM SOBRE O QUE VÃO ESTUDAR E PODEM DAR OPINIÕES SOBRE OS TEMAS. QUEREMOS OUVIR O QUE VOCÊS TÊM A DIZER!

ATIVIDADE PRÁTICA

AQUI VOCÊ PÕE EM PRÁTICA A ATIVIDADE PROPOSTA E SE DIVERTE COM OS COLEGAS.

ATIVIDADE PRÁTICA

QUE TAL CONSTRUIRMOS UM AMBIENTE "ARTIFICIAL"?

COMO FAZER

1. CUBRA O FUNDO DO RECIPIENTE COM TERRA.
2. RECORTE UM PEDAÇO DE PLÁSTICO E ACOMODE-O NA TERRA PARA CRIAR UM LAGO. ENCHA-O COM UM POUCO DE ÁGUA.
3. FINQUE ALGUMAS FOLHAS E PEDAÇOS DE PLANTAS NA TERRA, POSICIONANDO-AS COMO ACHAR MAIS INTERESSANTE.
4. RECORTE IMAGENS DOS ANIMAIS QUE VÃO "MORAR" NESSE AMBIENTE E COLOQUE-AS DENTRO DO RECIPIENTE.

MATERIAL

- ÁGUA
- FOLHAS E PEDAÇOS DE PLANTAS
- RECIPIENTE PLÁSTICO (BACIA OU BANDEJA)
- REVISTAS OU JORNAIS
- SACO PLÁSTICO
- TERRA
- TESOURA SEM PONTA

ATENÇÃO! LAVE BEM AS MÃOS APÓS MEXER COM A TERRA. SE POSSÍVEL, USE LUVAS PROTETORAS.

QUE TAL COLOCAR TAMBÉM IMAGENS DE SERES HUMANOS NESSE AMBIENTE?

ESTE **BILHETE** SEMPRE TRAZ UM RECADO ESPECIAL PARA VOCÊ.

COM A PALAVRA...

ENTREVISTAS COM DIFERENTES PROFISSIONAIS FARÃO VOCÊ PERCEBER QUE O CONHECIMENTO TAMBÉM PODE SER ADQUIRIDO ALÉM DOS LIVROS.

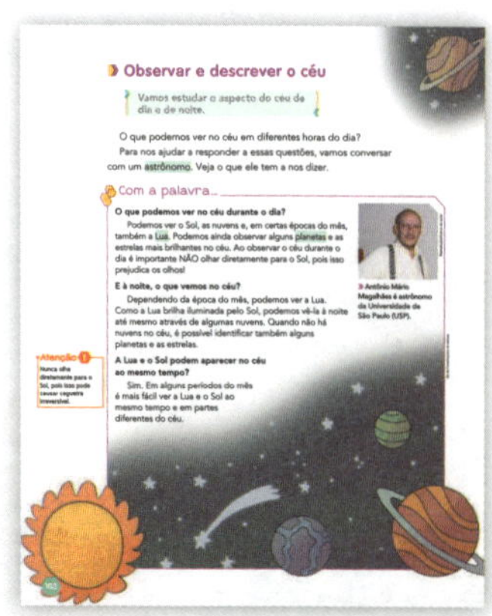
Observar e descrever o céu

Vamos estudar o aspecto do céu de dia e de noite.

O que podemos ver no céu em diferentes horas do dia?

Para nos ajudar a responder a essas questões, vamos conversar com um astrônomo. Veja o que ele tem a nos dizer.

Com a palavra...

O que podemos ver no céu durante o dia?

Podemos ver o Sol, as nuvens e, em certas épocas do mês, também a Lua. Podemos ainda observar alguns planetas e as estrelas mais brilhantes no céu. Ao observar o céu durante o dia é importante NÃO olhar diretamente para o Sol, pois isso prejudica os olhos!

E à noite, o que vemos no céu?

Dependendo da época do mês, podemos ver a Lua. Como a Lua brilha iluminada pelo Sol, podemos vê-la à noite até mesmo através de algumas nuvens. Quando não há nuvens no céu, é possível identificar também alguns planetas e as estrelas.

A Lua e o Sol podem aparecer no céu ao mesmo tempo?

Sim. Em alguns períodos do mês é mais fácil ver a Lua e o Sol ao mesmo tempo e em partes diferentes do céu.

Antônio Mário Magalhães é astrônomo da Universidade de São Paulo (USP).

Atenção! Nunca olhe diretamente para o Sol, pois isso pode causar cegueira irreversível.

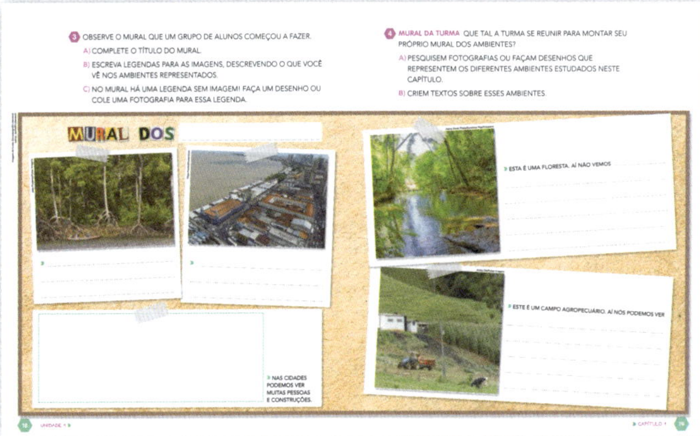

MURAL DA TURMA

QUE TAL COMPARTILHAR SUAS PRODUÇÕES COM OS COLEGAS? ESSE É O OBJETIVO DO MURAL.

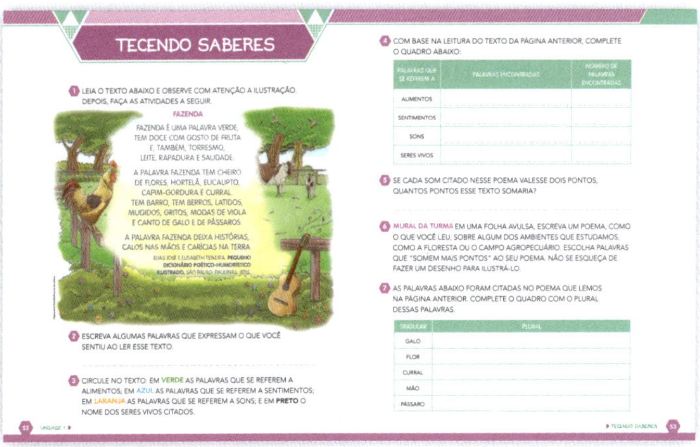

TECENDO SABERES

NESTA SEÇÃO VOCÊ VERÁ COMO TUDO O QUE APRENDEU PODERÁ AJUDAR NO ESTUDO DE OUTRAS ÁREAS DO CONHECIMENTO.

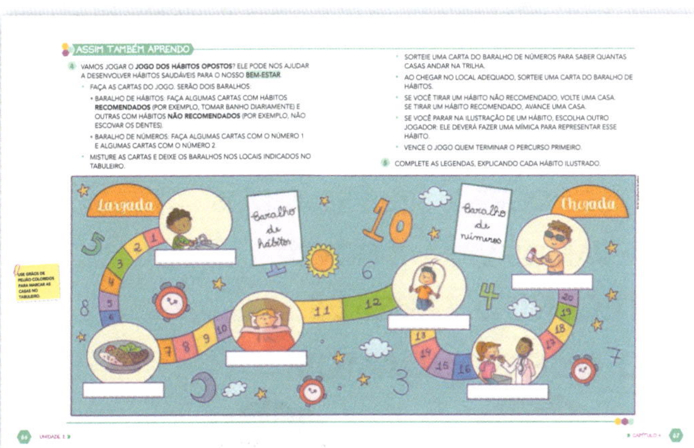

ASSIM TAMBÉM APRENDO

QUE TAL APRENDER UM POUCO MAIS COM JOGOS E ATIVIDADES DIVERTIDAS? ESSE É O OBJETIVO DESTA SEÇÃO.

VOCABULÁRIO: PARA FACILITAR A COMPREENSÃO DOS TEXTOS, O SIGNIFICADO DE ALGUMAS PALAVRAS SERÁ APRESENTADO NA PRÓPRIA PÁGINA.

VAMOS VER DE NOVO?

AQUI VOCÊ RETOMA O QUE FOI ESTUDADO NO CAPÍTULO POR MEIO DE TEXTOS, ESQUEMAS E ATIVIDADES.

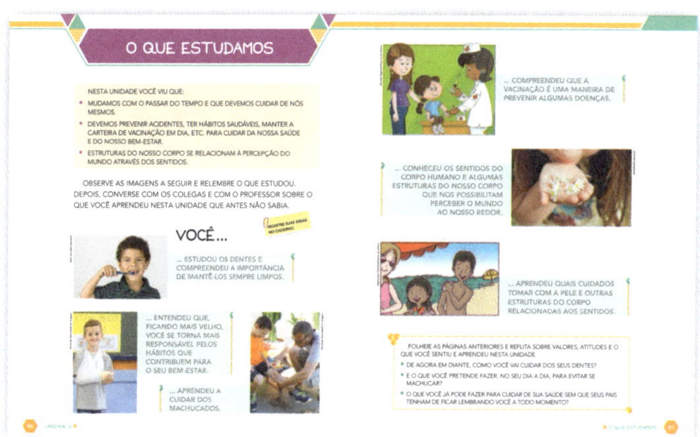

O QUE ESTUDAMOS

AQUI VOCÊ CONFERE O QUE ESTUDOU, RELEMBRANDO OS TEMAS TRABALHADOS NOS CAPÍTULOS DA UNIDADE.
ESTE É O MOMENTO DE REFLETIR SOBRE O QUE APRENDEU E SOBRE A FORMA DE AGIR, PENSAR E SENTIR NO DIA A DIA.

SUMÁRIO

Mouses Sagiorato/Arquivo da editora

Mouses Sagiorato/Arquivo da editora

UNIDADE 1

AMBIENTE E SERES VIVOS

Kim Queiroz/Arquivo da editora

- QUAL AMBIENTE AS CRIANÇAS ESTÃO REPRESENTANDO NO TANQUE DE AREIA?
- QUAIS OUTROS AMBIENTES ESTÃO REPRESENTADOS NESTA IMAGEM?
- EM SUA OPINIÃO, O LOCAL ONDE AS CRIANÇAS ESTÃO BRINCANDO É UM AMBIENTE BEM CUIDADO?

CAPÍTULO 1

DIFERENTES AMBIENTES

Reprodução/Coleção Roberto Marinho, Rio de Janeiro/Tarsila do Amaral Empreendimentos

PAISAGEM COM TOURO, DE TARSILA DO AMARAL, 1925 (ÓLEO SOBRE TELA, DE 50 cm × 65,2 cm).

VOCÊ JÁ DESENHOU UM AMBIENTE PARECIDO COM ESSE?

NESTE CAPÍTULO VAMOS EXPLORAR ESSE E OUTROS AMBIENTES, COMO FLORESTA E CIDADE.

PARA INICIAR

- COMO É O LUGAR ONDE VOCÊ VIVE? COLE UMA FOTOGRAFIA OU FAÇA UM DESENHO DELE EM UMA FOLHA AVULSA.
- QUAIS SÃO AS DIFERENÇAS ENTRE O LUGAR ONDE VOCÊ VIVE E O LUGAR RETRATADO NA PINTURA? E QUAIS SÃO AS SEMELHANÇAS?
- EM OUTRA FOLHA AVULSA, COLE UMA FOTOGRAFIA OU FAÇA UM DESENHO DE UM LUGAR DIFERENTE QUE VOCÊ CONHEÇA.

ATIVIDADE PRÁTICA

QUE TAL CONSTRUIRMOS UM AMBIENTE "ARTIFICIAL"?

COMO FAZER

1. CUBRA O FUNDO DO RECIPIENTE COM TERRA.

2. RECORTE UM PEDAÇO DE PLÁSTICO E ACOMODE-O NA TERRA PARA CRIAR UM LAGO. ENCHA-O COM UM POUCO DE ÁGUA.

3. FINQUE ALGUMAS FOLHAS E PEDAÇOS DE PLANTAS NA TERRA, POSICIONANDO-AS COMO ACHAR MAIS INTERESSANTE.

4. RECORTE IMAGENS DOS ANIMAIS QUE VÃO "MORAR" NESSE AMBIENTE E COLOQUE-AS DENTRO DO RECIPIENTE.

Fotos: Eduardo Santaliestra/Arquivo da editora

MATERIAL

- ÁGUA
- FOLHAS E PEDAÇOS DE PLANTAS
- RECIPIENTE PLÁSTICO (BACIA OU BANDEJA)
- REVISTAS OU JORNAIS
- SACO PLÁSTICO
- TERRA
- TESOURA SEM PONTA

ATENÇÃO !

LAVE BEM AS MÃOS APÓS MEXER COM A TERRA. SE POSSÍVEL, USE LUVAS PROTETORAS.

QUE TAL COLOCAR TAMBÉM IMAGENS DE SERES HUMANOS NESSE AMBIENTE?

OBSERVANDO AMBIENTES

VAMOS OBSERVAR ATENTAMENTE CAMPOS AGROPECUÁRIOS E FLORESTAS.

VOCÊ SABE O QUE PODEMOS ENCONTRAR EM CAMPOS AGROPECUÁRIOS? E EM FLORESTAS?

ALGUMAS PESSOAS MORAM NO CAMPO AGROPECUÁRIO. NESSE AMBIENTE PODEMOS ENCONTRAR ANIMAIS COMO:

AS IMAGENS REPRESENTADAS NESTA PÁGINA NÃO ESTÃO NA MESMA PROPORÇÃO DE TAMANHO.

Ilustrações: Mouses Sagiorato/Arquivo da editora

______________, ______________, ______________ E ______________.

EM CADA LACUNA, ESCREVA O NOME DO QUE ESTÁ ILUSTRADO.

TAMBÉM HÁ EQUIPAMENTOS E MÁQUINAS AGRÍCOLAS, COMO:

______________, ______________, ______________ E ______________.

ALGUMAS PESSOAS MORAM NA FLORESTA. AÍ PODEMOS ENCONTRAR,

POR EXEMPLO: MUITAS ______________, DIFERENTES ______________ E TAMBÉM HABITAÇÕES HUMANAS.

1 ESCREVA O QUE AS SETAS APONTAM NAS IMAGENS ABAIXO. USE O BANCO DE PALAVRAS.

PLANTAÇÃO	ESTRADA	RIO	CANOA	CONSTRUÇÃO	CRIAÇÃO DE ANIMAIS

Ernesto Reghran/Pulsar Imagens

PAISAGEM RURAL COM PLANTAÇÃO DE CANA-DE-AÇÚCAR E CRIAÇÃO DE GADO EM PITANGUEIRAS (PARANÁ), EM 2015.

J R Ripper/Brazil Photos/LightRocket/Getty Images

CASA RIBEIRINHA NA FLORESTA AMAZÔNICA, NO AMAPÁ, EM 2015.

2 OBSERVE AS ILUSTRAÇÕES DE DOIS DIFERENTES AMBIENTES NESTA PÁGINA E NA SEGUINTE.

3 CONVERSE COM OS COLEGAS: FAÇAM UMA LISTA DO QUE MAIS PODE SER ENCONTRADO EM UM CAMPO AGROPECUÁRIO.

DESENHE VOCÊ NA FLORESTA. O QUE VOCÊ ESTARIA FAZENDO? DEPOIS, TERMINE DE PINTAR ESTA PAISAGEM.

4 AGORA, FAÇA UMA LISTA DO QUE PODE SER ENCONTRADO EM UMA FLORESTA.

SUGESTÕES DE...

LIVROS

CONTOS DE ANIMAIS. LUÍS DA CÂMARA CASCUDO. SÃO PAULO: GLOBAL, 2013.

O RATO DO CAMPO E O RATO DA CIDADE. RUTH ROCHA. SÃO PAULO: SALAMANDRA, 2010.

COMPARANDO AMBIENTES

VAMOS COMPARAR DIFERENTES AMBIENTES.

VOCÊ MORA EM UMA CIDADE, EM UM CAMPO AGROPECUÁRIO OU EM UMA FLORESTA?

MUITAS PESSOAS MORAM EM CIDADES. NELAS PODEMOS ENCONTRAR AVENIDAS, RUAS ASFALTADAS, POSTES DE LUZ, PRÉDIOS, CARROS, ENTRE OUTRAS COISAS. DE MODO GERAL, É NAS CIDADES QUE SE CONCENTRAM HOSPITAIS, ESCOLAS E COMÉRCIOS, POR EXEMPLO.

Ilustrações: Mouses Sagiorato/Arquivo da editora

PINTE OS DESENHOS DESTA PÁGINA. PRESTE ATENÇÃO NO QUE EXISTE EM CADA AMBIENTE!

NO CAMPO AGROPECUÁRIO É MAIS COMUM ENCONTRARMOS PLANTAÇÕES, CRIAÇÕES DE ANIMAIS, TRATORES E OUTRAS MÁQUINAS AGRÍCOLAS. ALÉM DISSO, HÁ BEM MENOS CONSTRUÇÕES DO QUE HÁ NAS CIDADES.

ALGUMAS PESSOAS MORAM EM ÁREAS DE FLORESTA. MUITAS VEZES, FORMAM COMUNIDADES PERTO DE RIOS OU OUTROS **CURSOS DE ÁGUA**.

A VEGETAÇÃO **DENSA** QUE OCORRE EM ALGUNS TIPOS DE FLORESTA PODE ABRIGAR UMA GRANDE VARIEDADE DE ANIMAIS.

CURSO DE ÁGUA: CORPO DE ÁGUA CORRENTE, COMO RIO OU RIACHO.

DENSO: QUE EXISTE EM GRANDE QUANTIDADE, ABUNDANTE POR TODOS OS LADOS.

1 COMPARE OS DIFERENTES AMBIENTES MOSTRADOS ABAIXO. DEPOIS, LIGUE COM UM TRAÇO A LEGENDA MAIS ADEQUADA A CADA FOTOGRAFIA.

COMPARE O LUGAR ONDE VOCÊ MORA COM OS AMBIENTES MOSTRADOS NESTAS FOTOGRAFIAS.

CURITIBA (PARANÁ), EM 2014.

RECIFE (PERNAMBUCO), EM 2015.

AS CIDADES ESTÃO REPLETAS DE CONSTRUÇÕES.	OS BOIADEIROS CUIDAM DO GADO.	AS PRAIAS PODEM SER UMA OPÇÃO DE LAZER.	AS PALAFITAS SÃO CASAS CONSTRUÍDAS SOBRE ESTACAS.

PANTANAL MATO-GROSSENSE, EM 2015.

RIO AMAZONAS, MANAUS (AMAZONAS), EM 2015.

2 **MURAL DA TURMA** COMO É O AMBIENTE ONDE VOCÊ MORA? DESENHE-O DETALHADAMENTE EM UMA FOLHA AVULSA. DEPOIS, EXPONHA SEU TRABALHO NO MURAL DA TURMA.

3 OBSERVE O MURAL QUE UM GRUPO DE ALUNOS COMEÇOU A FAZER.

A) COMPLETE O TÍTULO DO MURAL.

B) ESCREVA LEGENDAS PARA AS IMAGENS, DESCREVENDO O QUE VOCÊ VÊ NOS AMBIENTES REPRESENTADOS.

C) NO MURAL HÁ UMA LEGENDA SEM IMAGEM! FAÇA UM DESENHO OU COLE UMA FOTOGRAFIA PARA ESSA LEGENDA.

Imagem de fundo: Elenadesign/Shutterstock
Letras: Jovitta/Shutterstock

MURAL DOS ____________________

João Prudente/Pulsar Imagens

› ____________________

Filipe Frazão/Shutterstock

› ____________________

› NAS CIDADES PODEMOS VER MUITAS PESSOAS E CONSTRUÇÕES.

4 **MURAL DA TURMA** QUE TAL A TURMA SE REUNIR PARA MONTAR SEU PRÓPRIO MURAL DOS AMBIENTES?

A) PESQUISEM FOTOGRAFIAS OU FAÇAM DESENHOS QUE REPRESENTEM OS DIFERENTES AMBIENTES ESTUDADOS NESTE CAPÍTULO.

B) CRIEM TEXTOS SOBRE ESSES AMBIENTES.

Alamy Stock Photo/Sunshine Pics/Fotoarena

› ESTA É UMA FLORESTA. AÍ NÃO VEMOS ______________________

____

____

____

____

____

Andre Dib/Pulsar Imagens

› ESTE É UM CAMPO AGROPECUÁRIO. AÍ NÓS PODEMOS VER

____

____

____

____

____

VAMOS VER DE NOVO?

NESTE CAPÍTULO VOCÊ APRENDEU QUE:

- O SER HUMANO PODE VIVER EM DIFERENTES AMBIENTES.
- FLORESTAS, CAMPOS AGROPECUÁRIOS E CIDADES SÃO EXEMPLOS DE AMBIENTE.

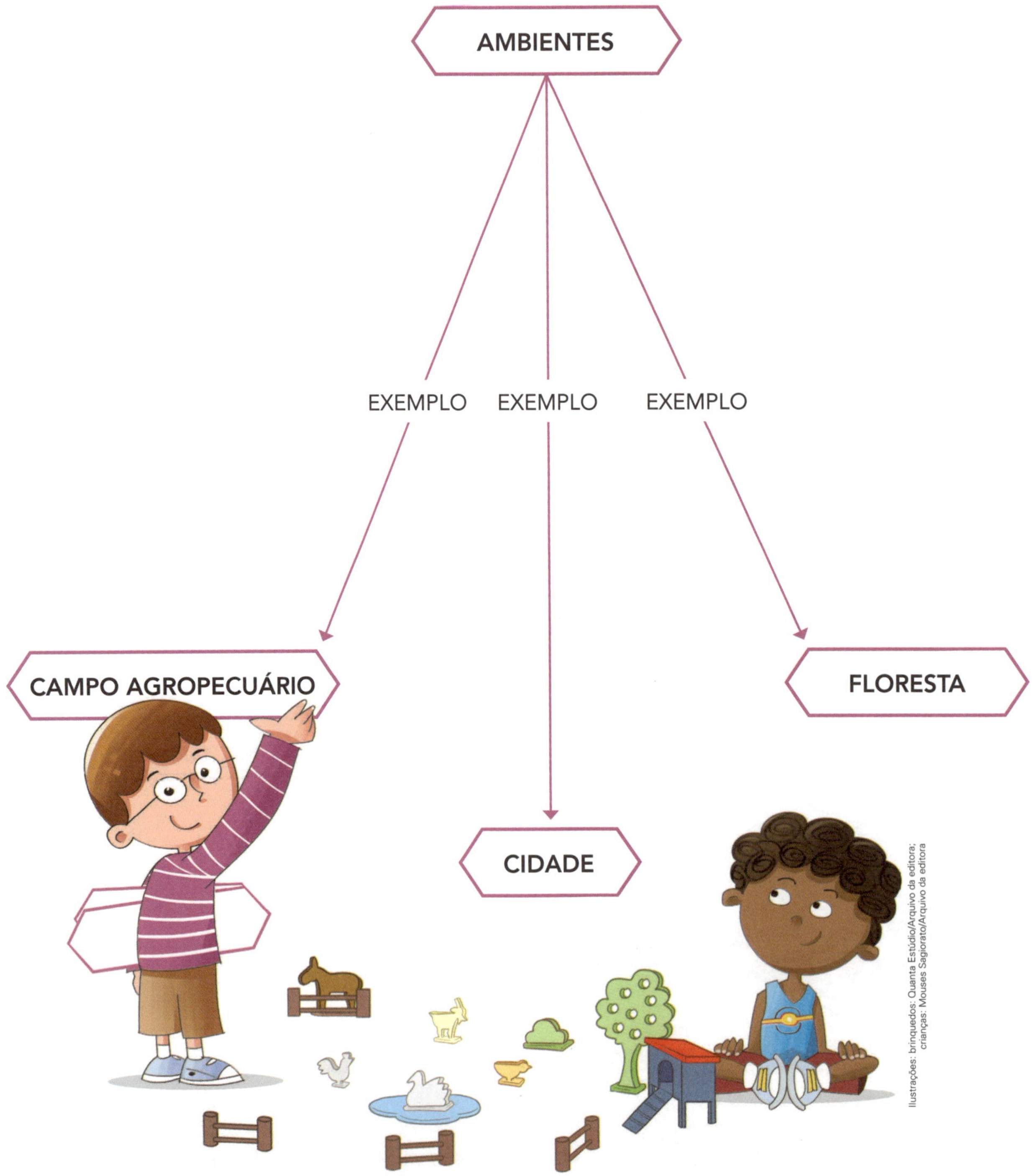

Ilustrações: brinquedos: Quanta Estúdio/Arquivo da editora; crianças: Mouses Sagiorato/Arquivo da editora

1 COM BASE NO QUE VOCÊ ESTUDOU NESTE CAPÍTULO:

A) DÊ EXEMPLOS DE AMBIENTES DIFERENTES.

____

____

B) DESCREVA UMA CIDADE.

____

____

2 COMPLETE OS ESQUEMAS ABAIXO.

CAMPO AGROPECUÁRIO

PODEMOS ENCONTRAR

- _______________
- _______________
- _______________

FLORESTA

PODEMOS ENCONTRAR

- _______________
- _______________
- _______________

3 OBSERVE A MAQUETE DE CIDADE QUE AS CRIANÇAS ESTÃO CONSTRUINDO. COMO ELA PODERIA SER APERFEIÇOADA? O QUE AS CRIANÇAS PODERIAM INCLUIR? COMO FARIAM? CONVERSE COM OS COLEGAS.

Fotos: Eduardo Santaliestra/Arquivo da editora

CUIDADOS COM O AMBIENTE

Urbano Erbiste/CPDoc JB/Futura Press

Skreidzeleu/Shutterstock

NO MORRO DONA MARTA (RIO DE JANEIRO), A PRAÇA DO CANTÃO PASSOU POR MODIFICAÇÕES, EM 2010.

COMO VOCÊ CUIDA DO LUGAR ONDE VIVE?

NESTE CAPÍTULO VAMOS VER COMO O SER HUMANO PODE MODIFICAR OS AMBIENTES.

PARA INICIAR

- VOCÊ JÁ VIU UM AMBIENTE MALCUIDADO? ONDE?
- QUANDO VOCÊ VÊ UM MONTE DE LIXO ACUMULADO EM UM AMBIENTE, O QUE VOCÊ PENSA? E COMO SE SENTE?
- COMO PODEMOS CONTRIBUIR PARA CUIDAR DO AMBIENTE? CONVERSE COM OS COLEGAS.

ATIVIDADE PRÁTICA

COMO TORNAR A ESCOLA UM AMBIENTE AINDA MAIS AGRADÁVEL?

MATERIAL

- CARTOLINAS, FOLHAS DE SULFITE OU PAPEL PARDO
- FITA ADESIVA
- MATERIAL DE PINTURA (TINTAS, LÁPIS DE COR OU CANETINHAS)

COMO FAZER

1. COM UM GRUPO DE COLEGAS, FAÇA UM PASSEIO PELA ESCOLA E IDENTIFIQUE LUGARES QUE PRECISEM DE CUIDADOS.

2. VERIFIQUE COM ATENÇÃO ONDE E COMO ESTÁ SENDO ARMAZENADO O LIXO NO LOCAL. A QUANTIDADE DE LIXEIRAS É SUFICIENTE? ONDE AS PESSOAS JOGAM O LIXO?

Fotos: Fernando Favoretto/Criar Imagem

3. FAÇA CARTAZES ALERTANDO SOBRE OS PROBLEMAS IDENTIFICADOS E SOBRE O QUE PODE SER FEITO PARA EVITÁ-LOS.

4. VOLTE AOS LUGARES VISITADOS FIXANDO OS CARTAZES NAS PAREDES, EM LOCAIS VISÍVEIS.

O SER HUMANO MODIFICA O AMBIENTE

VAMOS ESTUDAR COMO O SER HUMANO TEM MODIFICADO O AMBIENTE.

VOCÊ SABE O QUE ACONTECE QUANDO AS PESSOAS SE INSTALAM EM UM AMBIENTE PARA VIVER?

IMAGINE QUE ISSO ACONTEÇA EM UMA ÁREA DE FLORESTA. NESSE CASO, É COMUM AS PESSOAS DERRUBAREM ALGUMAS ÁRVORES PARA ABRIR ESPAÇO PARA MORADIAS, ÁREAS DE CULTIVO OU CRIAÇÃO DE ANIMAIS, POR EXEMPLO.

QUANDO MUITAS PESSOAS FAZEM ISSO EM UM LOCAL, SURGE ALI UM POVOADO OU UMA PEQUENA VILA.

OS POVOADOS PODEM CRESCER COM O PASSAR DO TEMPO, AUMENTANDO O NÚMERO DE PESSOAS E DE CONSTRUÇÕES ATÉ TORNAREM-SE CIDADES GRANDES.

DEPOIS DE LER O TEXTO, COMPLETE O DESENHO.

Giz de Cera/Arquivo da editora

1. DE MODO GERAL, O QUE ACONTECE DURANTE O DESENVOLVIMENTO DAS CIDADES? MARQUE UM **X** NA RESPOSTA CORRETA.

A) O NÚMERO DE CONSTRUÇÕES:

☐ AUMENTA. ☐ DIMINUI.

B) O NÚMERO DE ÁREAS VERDES:

☐ AUMENTA. ☐ DIMINUI.

2 ESCREVA UMA LEGENDA PARA CADA ILUSTRAÇÃO ABAIXO. USE OS TERMOS DO BANCO DE PALAVRAS.

MEIOS DE TRANSPORTE	MÁQUINAS	CONSTRUÇÕES	CRIAÇÃO DE SERES VIVOS

A

B

Ilustrações: Léo Fanelli/Arquivo da editora

› IMAGEM **A**: ______________________

› IMAGEM **B**: ______________________

3 DOIS ALUNOS ESTÃO TROCANDO IDEIAS. COM QUAL DELES VOCÊ CONCORDA? CONVERSE COM OS COLEGAS.

4 OBSERVE AS IMAGENS ABAIXO.

QUE MODIFICAÇÕES O SER HUMANO PODE FAZER EM UM AMBIENTE? CONVERSE COM OS COLEGAS.

Delfim Martins/Pulsar Imagens

Ernesto Reghran/Pulsar Imagens

5 AGORA, FAÇA UMA LEGENDA PARA CADA UMA DAS IMAGENS ACIMA. USE OS TERMOS DO BANCO DE PALAVRAS.

SER HUMANO AMBIENTE

- IMAGEM A: ____________________
- IMAGEM B: ____________________

6 OBSERVE ESTAS IMAGENS. PRESTE ATENÇÃO TAMBÉM NAS LEGENDAS.

1891 Jules Martin/Coleção Museu Paulista

QUADRO DE JULES MARTIN MOSTRANDO A AVENIDA PAULISTA (SÃO PAULO), EM 1891.

Donatas Dabravolskas/Shutterstock

FOTOGRAFIA DA AVENIDA PAULISTA (SÃO PAULO), EM 2016.

7 AGORA, TROQUE IDEIAS COM OS COLEGAS E RESPONDA ÀS PERGUNTAS:

A) O QUE AS IMAGENS ACIMA MOSTRAM?

____

____

B) O QUE MUDOU DE UMA IMAGEM PARA A OUTRA?

____

____

____

____

DESAFIO

8 COMO VOCÊ ACHA QUE SERÁ SUA CIDADE DAQUI A ALGUNS ANOS, QUANDO VOCÊ SE TORNAR **IDOSO**? EM UMA FOLHA AVULSA, FAÇA UM DESENHO DO QUE IMAGINOU.

IDOSO: PESSOA QUE TEM MUITOS ANOS DE VIDA.

INCLUA SEU DESENHO NO MURAL DOS AMBIENTES!

MÃOS À OBRA

VAMOS APRENDER COMO PODEMOS CUIDAR DO AMBIENTE.

VOCÊ SABIA QUE TAMBÉM PODE AJUDAR A CUIDAR DO AMBIENTE? PARA ENTENDER COMO FAZER ISSO, CONHEÇA UM POUCO SOBRE O TRABALHO DE UM AMBIENTALISTA.

VEJA O QUE ELE TEM A DIZER SOBRE CUIDADOS COM O AMBIENTE.

COM A PALAVRA...

VOCÊ PODE EXPLICAR O QUE É AMBIENTE?

EU DEFINO O AMBIENTE COMO TODO O ENTORNO. O AMBIENTE É FORMADO POR TODOS OS SERES VIVOS E ELEMENTOS NÃO VIVOS (COMO A TERRA, O AR, A ÁGUA) QUE EXISTEM NAS VIZINHANÇAS DE ALGUMA COISA OU EM VOLTA DE ALGUM LUGAR E QUE SE RELACIONAM.

ENTORNO: TUDO O QUE EXISTE AO REDOR, EM TORNO DE ALGO.

Acervo do autor/Arquivo da editora

FABRÍZIO G. VIOLINI É AGRÔNOMO E TRABALHA NA FUNDAÇÃO SOS MATA ATLÂNTICA.

COMO O SER HUMANO INTERFERE NOS AMBIENTES?

POR EXEMPLO, QUANDO FORMAMOS UMA PLANTAÇÃO EM UMA ÁREA DE FLORESTA, PROVOCAMOS MODIFICAÇÕES NESSE AMBIENTE. QUANDO LANÇAMOS ESGOTOS SEM TRATAMENTO DIRETAMENTE EM UM RIO, POLUÍMOS AS ÁGUAS E MUDAMOS ESSE AMBIENTE.

EXISTEM OUTRAS MANEIRAS DE INTERFERIR NOS AMBIENTES?

FELIZMENTE, NÃO É SÓ DE MANEIRA NEGATIVA QUE INTERFERIMOS NOS AMBIENTES. PODEMOS TAMBÉM CONTRIBUIR PARA A PROTEÇÃO E RECUPERAÇÃO DE ÁREAS NATURAIS.

E COMO AS CRIANÇAS PODEM AJUDAR A PROTEGER OS DIVERSOS AMBIENTES?

CUIDANDO DO AMBIENTE DE CASA E DA ESCOLA E ENVIANDO CARTAS E *E-MAILS* AOS GOVERNANTES E A ENTIDADES COMO A SOS MATA ATLÂNTICA, PARA DENUNCIAR AGRESSÕES AO AMBIENTE.

A AÇÃO DE ENTIDADES E DE PESSOAS COMO FABRÍZIO CONTRIBUI PARA PRESERVAR AS ÁREAS QUE AINDA RESTAM DA MATA ATLÂNTICA.

Lightspring/Shutterstock

1 CONVERSE COM OS COLEGAS SOBRE A ENTREVISTA DA PÁGINA ANTERIOR. DEPOIS, PREENCHA O QUADRO ABAIXO COM EXEMPLOS DE:

INTERFERÊNCIA HUMANA NO AMBIENTE	COMO CUIDAR DO AMBIENTE

SUGESTÃO DE...

SITE

FUNDAÇÃO SOS MATA ATLÂNTICA. DISPONÍVEL EM: <www.sosma.org.br>. ACESSO EM: MAIO 2017.

2 OBSERVE A IMAGEM ABAIXO.

João Prudente/Pulsar Imagens

CIDADE DE CAMPESTRE (MINAS GERAIS), EM 2015.

VOCÊ CONHECE ALGUM LUGAR PARECIDO COM ESSE? CONVERSE COM OS COLEGAS.

AGORA, RESPONDA.

A) QUE AMBIENTES VOCÊ IDENTIFICA NA FOTOGRAFIA?

____

B) QUAIS SÃO AS INFLUÊNCIAS DO SER HUMANO NESSES AMBIENTES?

____

____

3 OBSERVE A IMAGEM DE UM LOCAL, EM UMA CIDADE, QUE PRECISA SER CUIDADO.

Acacio Nascimento/Futura Press

A) O QUE VOCÊ FARIA PARA MUDAR ESSE LUGAR? CONVERSE COM OS COLEGAS.

B) FAÇA UM DESENHO DE COMO FICARÁ ESSE LUGAR DEPOIS DE RECEBER UMA "MÃOZINHA" DA SUA TURMA.

ASSIM TAMBÉM APRENDO

4 OS QUADRINHOS DESTA HISTÓRIA ESTÃO FORA DE ORDEM. NUMERE-OS NA ORDEM CORRETA, DE **1** A **6**, PARA MOSTRAR O QUE ACONTECEU NO PASSEIO DAS CRIANÇAS.

ATENÇÃO !
PARA RECOLHER O LIXO DEVEMOS USAR LUVAS PROTETORAS.

Hagaquezart Estúdio/Arquivo da editora

SUGESTÃO DE...

LIVRO

POR QUE PROTEGER A NATUREZA? APRENDENDO SOBRE O MEIO AMBIENTE. JEN GREEN E MIKE GORDON. SÃO PAULO: SCIPIONE, 2004.

A IMPORTÂNCIA DOS VEGETAIS

VAMOS PLANTAR? AFINAL OS VEGETAIS SÃO MUITO IMPORTANTES.

O QUE VOCÊ TEM FEITO PARA CUIDAR DO SEU ENTORNO?

UMA BOA IDEIA É PLANTAR. PODE SER UM OU OUTRO VASINHO COMO ENFEITE, PODE SER UM CANTEIRO DE ERVAS, PODE SER UM JARDIM OU ATÉ MESMO UMA ÁREA MAIOR.

OS VEGETAIS PODEM TORNAR UM AMBIENTE MAIS BONITO E ACOLHEDOR. ALÉM DISSO, ELES SÃO IMPORTANTES DE VÁRIAS OUTRAS MANEIRAS. CONHEÇA ALGUMAS DELAS EXPLORANDO ESTA PÁGINA E A PÁGINA SEGUINTE.

DEPOIS, QUE TAL PÔR A MÃO NA MASSA? COM O PROFESSOR E OS COLEGAS, PLANTEM MAIS VEGETAIS NOS LUGARES QUE VOCÊS FREQUENTAM!

Clearviewstock/Shutterstock

OS VEGETAIS SERVEM DE ____________________ PARA VÁRIOS SERES VIVOS. SE VOCÊ PLANTAR VEGETAIS QUE PRODUZEM NÉCTAR E FRUTOS, ATRAIRÁ VÁRIOS PÁSSAROS, INSETOS E OUTROS ANIMAIS.

Murray Cooper/Minden Pictures/Getty Images

VEGETAIS TAMBÉM PODEM SERVIR DE ____________________ PARA MUITOS ANIMAIS. POR EXEMPLO, VÁRIOS PÁSSAROS FAZEM NINHO EM ÁRVORES, USANDO FOLHAS OU GRAVETOS.

Wizdata/Shutterstock

Diego Grandi/Shutterstock

CANTEIROS COM FLORES OFERECEM UMA MISTURA DE ____________________ E ____________________ QUE TORNA QUALQUER LOCAL MAIS BONITO E AGRADÁVEL PARA NÓS.

1 ANALISE AS SITUAÇÕES APRESENTADAS NO MURAL QUE OCUPA ESTA PÁGINA E A ANTERIOR. COMPLETE AS LEGENDAS USANDO OS TERMOS DO BANCO DE PALAVRAS.

SOMBRAS	ABRIGO	ALIMENTO	CORES	UMIDADE DO AR	NUTRIENTES	CHEIROS

A IMPORTÂNCIA DOS VEGETAIS

Shutterstock/inacioluc

ÁRVORES FORMAM ______________ NAS RUAS DAS CIDADES. ISSO CONTRIBUI, ENTRE OUTRAS COISAS, PARA AMENIZAR A TEMPERATURA NOS CENTROS URBANOS.

Vladislav T. Jirousek/Shutterstock

FOLHAS E GALHOS QUE CAEM SOBRE O SOLO AJUDAM A ENRIQUECÊ-LO COM ______________. ALÉM DISSO, A CAMADA DE FOLHAS CAÍDAS CRIA UM AMBIENTE IDEAL PARA MUITOS INSETOS, ARANHAS, TATUZINHOS E OUTROS ANIMAIS PEQUENOS.

Fernando Araújo/Futura Press

AS PLANTAS MELHORAM A QUALIDADE DO AR. POR EXEMPLO, EM LUGARES COM MUITAS PLANTAS, A ______________ É MAIOR. ISSO ACONTECE PORQUE AS PLANTAS ABSORVEM ÁGUA DO SOLO E, ATRAVÉS DAS FOLHAS, A "DEVOLVEM" AO AMBIENTE.

Mouses Sagiorato/Arquivo da editora

2 TROQUE IDEIAS COM OS COLEGAS. AJUDE A ESCLARECER OS COMENTÁRIOS E AS DÚVIDAS DESSAS CRIANÇAS.

VAMOS VER DE NOVO?

NESTE CAPÍTULO VOCÊ APRENDEU QUE:

- O SER HUMANO INTERFERE NO AMBIENTE FAZENDO CONSTRUÇÕES E PLANTAÇÕES, POR EXEMPLO.
- INTERFERÊNCIAS NEGATIVAS NO AMBIENTE PODEM SER: O EXCESSO DE LIXO, O POUCO CUIDADO COM ÁREAS VERDES, ETC.
- INTERFERÊNCIAS POSITIVAS NO AMBIENTE PODEM SER: CUIDAR DE ÁREAS VERDES, ESTAR ATENTO AO LIXO QUE PRODUZIMOS, ETC.
- UMA MANEIRA DE CUIDAR DO AMBIENTE É PLANTANDO VEGETAIS.

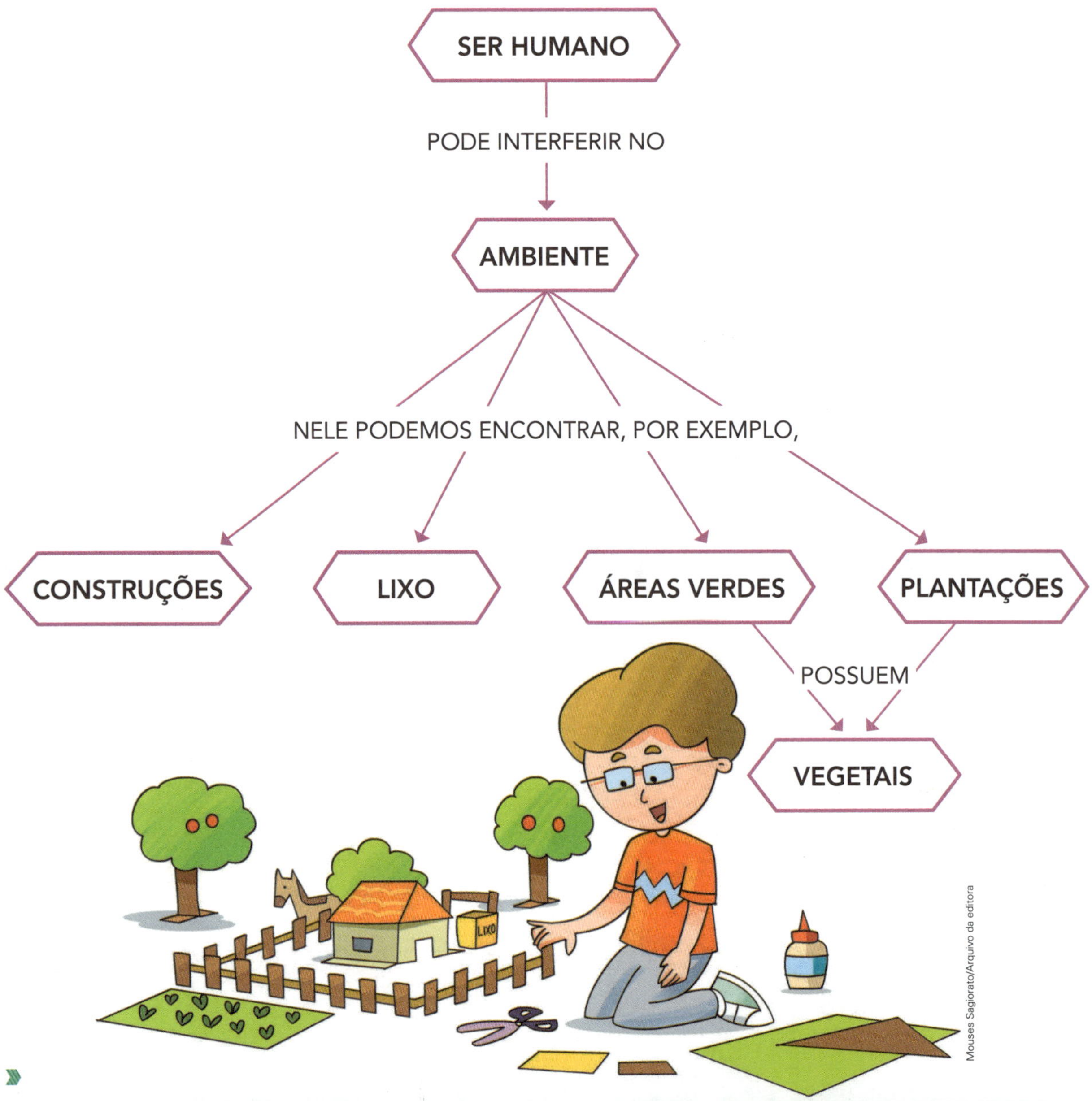

Mouses Sagiorato/Arquivo da editora

1 OBSERVE A ILUSTRAÇÃO ABAIXO.

Mouses Sagiorato/Arquivo da editora

VOCÊ CONCORDA OU NÃO COM O QUE DIZ CADA CRIANÇA? EXPLIQUE SUA RESPOSTA.

2 QUANDO DIZEMOS QUE "O SER HUMANO MODIFICA O AMBIENTE", ISSO SEMPRE SIGNIFICA ALGO RUIM? CONVERSE COM OS COLEGAS.

3 ESCREVA SUA MENSAGEM NO ESPAÇO DESTINADO À PROPAGANDA DO PONTO DE ÔNIBUS.

Jordi C/Shutterstock

CAPÍTULO 3

SERES VIVOS NO AMBIENTE

HomeStudio/Fishman64/Dobermaraner/StudioByTheSea/Shutterstock

O QUE É VIVO NESSE AQUÁRIO?

NESTE CAPÍTULO VAMOS ESTUDAR ALGUNS SERES VIVOS, SUA REPRODUÇÃO E SEU DESENVOLVIMENTO.

PARA INICIAR

- FAÇA DUAS LISTAS NO CADERNO: UMA DO QUE É VIVO E OUTRA DO QUE NÃO É VIVO NO AQUÁRIO MOSTRADO NA IMAGEM ACIMA.
- EM SUA OPINIÃO, O QUE DIFERENCIA O QUE É VIVO DO QUE NÃO TEM VIDA?
- COMO VOCÊ IMAGINA QUE SEJAM UMA MOSCA, UM PÉ DE FEIJÃO E UMA SERPENTE AO NASCER? SERIAM DIFERENTES DE QUANDO ADULTOS?

ATIVIDADE PRÁTICA

VAMOS PLANTAR SEMENTES DE FEIJÃO E ACOMPANHAR SEU DESENVOLVIMENTO?

MATERIAL
• ÁGUA
• SEMENTES DE FEIJÃO
• TERRA
• VASO OU POTE PLÁSTICO

COMO FAZER

1. COLOQUE TERRA UMEDECIDA EM UM VASO.

2. PLANTE OS FEIJÕES NA TERRA, A CERCA DE 1 CM DE PROFUNDIDADE.

COLE UM PAPEL NO VASO INDICANDO A DATA DA SEMEADURA.

3. COLOQUE O VASO EM LOCAL ILUMINADO. MOLHE A TERRA SEMPRE QUE NOTAR QUE ESTÁ SECANDO.
4. OBSERVE O DESENVOLVIMENTO DO PÉ DE FEIJÃO DURANTE ALGUNS DIAS. ANOTE SUAS OBSERVAÇÕES NO CADERNO.

Fotos: Eduardo Santaliestra/Arquivo da editora

ATENÇÃO !

LAVE BEM AS MÃOS APÓS MEXER COM A TERRA. SE POSSÍVEL, USE LUVAS PROTETORAS.

SUGESTÃO DE...

LIVRO

JOÃO E O PÉ DE FEIJÃO. IRMÃOS GRIMM. SÃO PAULO: SCIPIONE, 2009. (COLEÇÃO CONTO ILUSTRADO).

VEGETAIS SE DESENVOLVEM

OS ELEMENTOS REPRESENTADOS NESTA PÁGINA NÃO ESTÃO NA MESMA PROPORÇÃO DE TAMANHO.

VAMOS VER COMO ALGUNS SERES VIVOS SE DESENVOLVEM COM O PASSAR DO TEMPO.

GRÃO DE FEIJÃO PARTIDO AO MEIO.

VOCÊ JÁ VIU UM VEGETAL SE DESENVOLVENDO? OS VEGETAIS SÃO SERES VIVOS E SE MODIFICAM COM O PASSAR DO TEMPO.

O GRÃO DE FEIJÃO É UMA **SEMENTE**. DENTRO DELE EXISTE O EMBRIÃO DE UM NOVO SER VIVO.

EM CONDIÇÕES ADEQUADAS OCORRE A GERMINAÇÃO DO FEIJÃO E, CERCA DE 10 DIAS DEPOIS DO PLANTIO, JÁ É FÁCIL IDENTIFICAR ALGUMAS PARTES DA PLANTA.

FEIJOEIRO 10 DIAS DEPOIS DO PLANTIO.

- AS **RAÍZES**, AINDA FRÁGEIS, FIXAM A PLANTA NO SOLO, DE ONDE PODEM SER CAPTADOS NUTRIENTES E ÁGUA.
- O **CAULE** AINDA NÃO É MUITO RÍGIDO, MAS JÁ SUSTENTA ALGUMAS FOLHAS.
- AS **FOLHAS** COMEÇAM A SE ABRIR E A CRESCER. ELAS REPRESENTAM GRANDE PARTE DO CORPO DA PLANTA QUE RECEBE DIRETAMENTE OS RAIOS DE LUZ.

QUANDO A PLANTA RECEBE ÁGUA, LUZ E NUTRIENTES DE MANEIRA ADEQUADA, ELA CONTINUA A SE DESENVOLVER. COM CERCA DE 60 DIAS, HÁ MUITAS FOLHAS NO FEIJOEIRO, ALÉM DE FLORES E VAGENS.

- AS **FLORES** ESTÃO RELACIONADAS À REPRODUÇÃO DAS PLANTAS.
- AS VAGENS SÃO OS **FRUTOS** DO FEIJOEIRO. DENTRO DELAS SE FORMAM OS GRÃOS DE FEIJÃO QUE USAMOS EM NOSSA ALIMENTAÇÃO.

SE PLANTARMOS UM GRÃO DE FEIJÃO, UMA NOVA PLANTA VAI SE DESENVOLVER. É O COMEÇO DE UMA NOVA VIDA!

FEIJOEIRO 60 DIAS DEPOIS DO PLANTIO. NO DETALHE, FLORES E VAGENS DO FEIJOEIRO.

1 O QUE EXISTE DENTRO DAS VAGENS DE UM FEIJOEIRO? CONVERSE COM OS COLEGAS E RESPONDA ABAIXO.

____

2 LEIA AS ANOTAÇÕES FEITAS EM UM CADERNO. MARQUE COM UM **X** AS QUE NÃO SÃO CORRETAS.

- [ ] Dentro da semente do feijão encontra-se o embrião.
- [ ] Existem flores no pé de feijão de 10 dias.
- [ ] Os pés de feijão de 60 dias ainda não têm vagens.
- [ ] Os grãos de feijão são usados na alimentação.

3 DESENHE UM PÉ DE FEIJÃO COM 60 DIAS. REPRESENTE E INDIQUE COM SETAS AS ESTRUTURAS DESSE VEGETAL CITADAS NA PÁGINA ANTERIOR.

Thinkstock/Getty Images

PLANTAÇÃO DE MILHO (AO FUNDO) E DE ALFACE (NA FRENTE) EM ASSIS (SÃO PAULO), EM 2010.

4 OBSERVE ACIMA A IMAGEM DE UMA PLANTAÇÃO DE MILHO E DE ALFACE.

5 AS FOTOGRAFIAS EM DESTAQUE NESTA PÁGINA MOSTRAM O DESENVOLVIMENTO DO MILHO. NUMERE-AS NA ORDEM CORRETA.

6 ESCREVA UMA FRASE SOBRE AS IMAGENS ACIMA. USE AS PALAVRAS "SER VIVO" E "DESENVOLVIMENTO".

› PLANTAÇÃO DE ALFACE EM ASSIS (SÃO PAULO), EM 2010.

7 AS FOTOGRAFIAS EM DESTAQUE NESTA PÁGINA MOSTRAM O DESENVOLVIMENTO DA ALFACE. NUMERE-AS NA ORDEM CORRETA.

VOCÊ CONSEGUE APONTAR, NAS FOTOGRAFIAS, AS ESTRUTURAS CITADAS NESSAS FRASES?

8 COMPLETE AS FRASES ABAIXO. PARA AJUDAR, CONSULTE O TEXTO DA PÁGINA 38.

- AS RAÍZES ______________________ A PLANTA NO SOLO.
- O CAULE ______________________ AS FOLHAS, AS FLORES E OS FRUTOS.
- AS FOLHAS FAVORECEM A CAPTAÇÃO DE ______________________.
- AS FLORES ESTÃO RELACIONADAS COM A ______________________.

9 OS ALUNOS ESTÃO MONTANDO UM MURAL PARA DIVULGAR INFORMAÇÕES SOBRE A INFLUÊNCIA DA LUZ E DA ÁGUA NA VIDA DAS PLANTAS. COMPLETE OS TEXTOS.

Clearviewstock/Shutterstock

INVESTIGANDO FATORES QUE

INFLUÊNCIA DA ÁGUA

O CRAVO DA ESQUERDA FOI REGADO DE MODO ADEQUADO, TODOS OS DIAS. JÁ O CRAVO DA DIREITA NÃO FOI MAIS REGADO.

1º DIA

3º DIA

7º DIA

14º DIA

Fotos: Paul Lund/Alamy/Latinstock

VERIFICAMOS QUE A PLANTA QUE FOI REGADA DE MANEIRA ADEQUADA

____.

JÁ A PLANTA QUE DEIXOU DE SER REGADA ______________________

____.

10 CONVERSE COM OS COLEGAS: QUAIS SÃO ALGUNS CUIDADOS QUE DEVEMOS TER PARA QUE AS PLANTAS SE DESENVOLVAM BEM?

INFLUENCIAM NA VIDA DAS PLANTAS

INFLUÊNCIA DA LUZ

A PLANTA DA ESQUERDA RECEBEU ILUMINAÇÃO ADEQUADA.

JÁ A PLANTA DA DIREITA FOI DEIXADA NO ESCURO DURANTE O INÍCIO DO SEU DESENVOLVIMENTO.

MUDAS DE AGRIÃO QUE GERMINARAM COM LUZ E NO ESCURO.

CONSTATAMOS QUE AS MUDAS QUE RECEBERAM ILUMINAÇÃO ADEQUADA ____.

TAMBÉM CONSTATAMOS QUE AS MUDAS QUE NÃO RECEBERAM LUZ ____.

DESENVOLVIMENTO E REPRODUÇÃO

VAMOS ESTUDAR O DESENVOLVIMENTO E A REPRODUÇÃO DE ALGUNS SERES VIVOS.

COMO VOCÊ ERA DOIS ANOS ATRÁS? MUITO DIFERENTE DE HOJE? VEJA COMO MARCELA ERA EM DOIS MOMENTOS DE SUA VIDA.

MARCELA AOS 5 ANOS.

MARCELA AOS 7 ANOS.

Fotos: Monkey Business Images/Shutterstock/Glow Images

AS FOTOGRAFIAS MOSTRAM A MENINA NO DIA DE SEU ANIVERSÁRIO DE 5 E DE 7 ANOS.

COM 5 ANOS MARCELA TINHA 1,15 METRO DE ALTURA E CALÇAVA 29. ELA TINHA 20 QUILOS E GOSTAVA MUITO DE BRINCAR DE ESCONDE-ESCONDE.

HOJE MARCELA TEM 7 ANOS. ELA TEM 1,25 METRO DE ALTURA, 27 QUILOS E CALÇA 32. ATUALMENTE, ELA GOSTA MUITO DE BRINCAR DE PULAR CORDA.

MARCELA ESTÁ MUDANDO À MEDIDA QUE O TEMPO PASSA. ELA ESTÁ SE DESENVOLVENDO!

1 PREENCHA A TABELA ABAIXO COM AS INFORMAÇÕES DO TEXTO:

MARCELA	5 ANOS	7 ANOS
ALTURA		
PESO		
NÚMERO DO CALÇADO		

2 OS SERES HUMANOS MUDAM À MEDIDA QUE O TEMPO PASSA. NUMERE AS FOTOS EM UMA SEQUÊNCIA QUE INDIQUE O DESENVOLVIMENTO DO SER HUMANO.

Thinkstock/Getty Images

Pushish Images/Shutterstock

Thinkstock/Getty Images

Thinkstock/Getty Images

Thinkstock/Getty Images

3 CONVERSE COM SEUS PAIS OU RESPONSÁVEIS E RESPONDA:

COMPARTILHE SUAS RESPOSTAS COM OS COLEGAS.

- QUAL ERA O SEU TAMANHO AO NASCER? ______________________
- QUANTOS QUILOS VOCÊ TINHA AO NASCER? ____________________
- COM QUE IDADE VOCÊ COMEÇOU A ANDAR? ____________________
- COM QUE IDADE VOCÊ COMEÇOU A FALAR? _____________________

4 ESCREVA UMA LEGENDA PARA CADA IMAGEM. PROCURE USAR OS TERMOS DO BANCO DE PALAVRAS.

FILHOTE	ADULTO

Seagames50 images/Shutterstock

Stockphotos/Latinstock

Fabio Colombini/Acervo do fotógrafo

Shutterstock/Siyanight

5 AS CARTAS ABAIXO, DO BARALHO **ADULTOS E FILHOTES**, ESCONDEM ALGUNS SERES VIVOS.

A) LIGUE OS PONTOS E DESCUBRA O CONTORNO DESSES SERES VIVOS.

B) INDIQUE O NOME DE CADA SER VIVO.

C) CONVERSE COM OS COLEGAS PARA ENTÃO PREENCHER, EM CADA CARTA, O CAMPO "ONDE PODE SER ENCONTRADO".

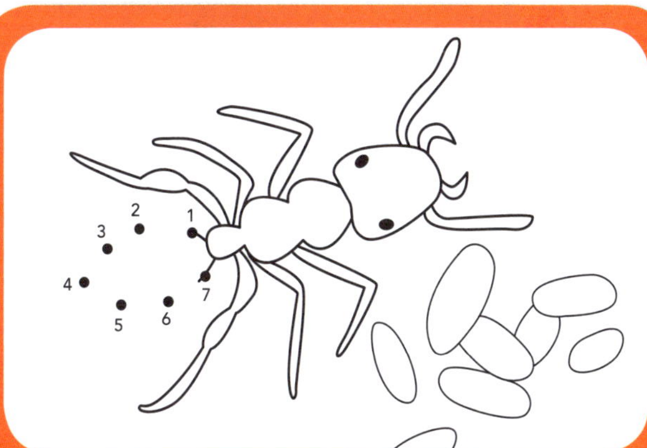

NOME: ______________________

ONDE PODE SER ENCONTRADO: ______________________

______________________.

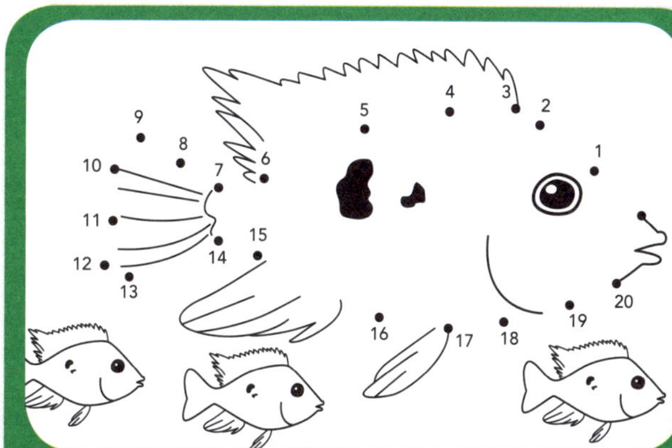

NOME: ______________________

ONDE PODE SER ENCONTRADO: ______________________

______________________.

Ilustrações: Mouses Sagiorato/Arquivo da editora

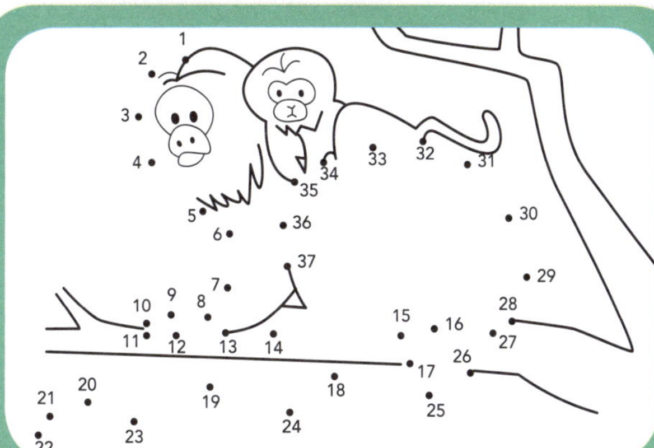

NOME: ______________________

ONDE PODE SER ENCONTRADO: ______________________

______________________.

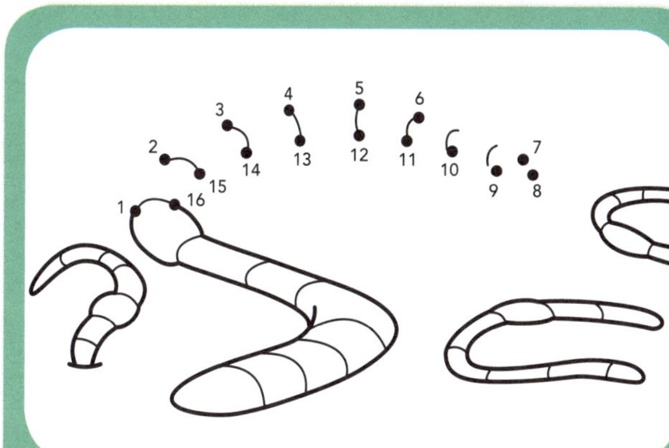

NOME: ______________________

ONDE PODE SER ENCONTRADO: ______________________

______________________.

6 NESTA PÁGINA E NA PÁGINA SEGUINTE, LEIA OS TEXTOS PARA APRENDER MAIS SOBRE A REPRODUÇÃO E O DESENVOLVIMENTO DE ALGUNS SERES VIVOS.

OS ELEMENTOS REPRESENTADOS NESTA PÁGINA NÃO ESTÃO NA MESMA PROPORÇÃO DE TAMANHO.

Celig/Shutterstock

SI_photo/Shutterstock

SERPENTES

MUITAS SERPENTES NASCEM DE OVOS. OS FILHOTES QUEBRAM A CASCA E SAEM DOS OVOS. DESDE CEDO, COMEÇAM A EXPLORAR O AMBIENTE AO SEU REDOR POR CONTA PRÓPRIA. ELES NÃO CONTAM COM OS CUIDADOS DOS PAIS. OS FILHOTES SÃO PARECIDOS COM OS ADULTOS, MAS SÃO MENORES.

Michael & Patricia Fogden/Corbis/Latinstock

OVOS COM FILHOTES DE COBRA-CORAL (MEDE CERCA DE 1 METRO QUANDO ADULTA).

SI_photo/Shutterstock

GIRINOS

MUITAS RÃS, SAPOS E PERERECAS COLOCAM CENTENAS DE OVOS NA ÁGUA. DOS OVOS NASCEM OS FILHOTES, CHAMADOS GIRINOS. OS GIRINOS TÊM O FORMATO DO CORPO BEM DIFERENTE DO CORPO DOS ADULTOS.

Kenneth H. Thomas/Science Source/Fotoarena

VÁRIOS GIRINOS AO REDOR DE UMA RÃ ADULTA (CERCA DE 12 CENTÍMETROS).

7 DEPOIS DA LEITURA DOS TEXTOS, CONVERSE COM OS COLEGAS E COMPLETE AS FRASES DESTA PÁGINA E DA SEGUINTE.

A) OS FILHOTES DE MUITAS SERPENTES NASCEM DE ______________________.

B) OS FILHOTES DE RÃS SÃO CHAMADOS ______________________.

C) OS FILHOTES DE MOSCAS, AO ECLODIREM DE OVOS, SÃO CHAMADOS ______________________.

MOSCAS

AS MOSCAS NASCEM DE OVOS, MAS OS FILHOTES NÃO SE PARECEM NADA COM OS ADULTOS. ELES SÃO LARVAS. À MEDIDA QUE SE DESENVOLVEM, AS LARVAS VÃO CRESCENDO E SE TORNAM PUPAS. DAS PUPAS **EMERGEM** AS MOSCAS ADULTAS.

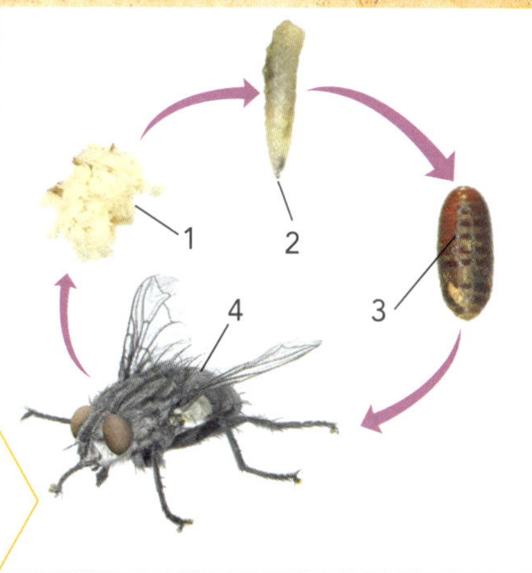

AS FASES DE DESENVOLVIMENTO DA MOSCA: OVO (1), LARVA (2), PUPA (3) E FASE ADULTA (4).

OS ELEMENTOS REPRESENTADOS NESTA PÁGINA NÃO ESTÃO NA MESMA PROPORÇÃO DE TAMANHO.

Celig/Shutterstock

EMERGIR: SURGIR, APARECER.

GAMBÁS

Sl_photo/Shutterstock

OS FILHOTES DE GAMBÁ NASCEM BEM PEQUENOS. ASSIM QUE NASCEM, VÃO PARA UMA ESPÉCIE DE "BOLSA" NO CORPO DA MÃE, CHAMADA MARSÚPIO. ALI FICAM PROTEGIDOS, SE ALIMENTANDO DO LEITE DA MÃE E SE DESENVOLVENDO.

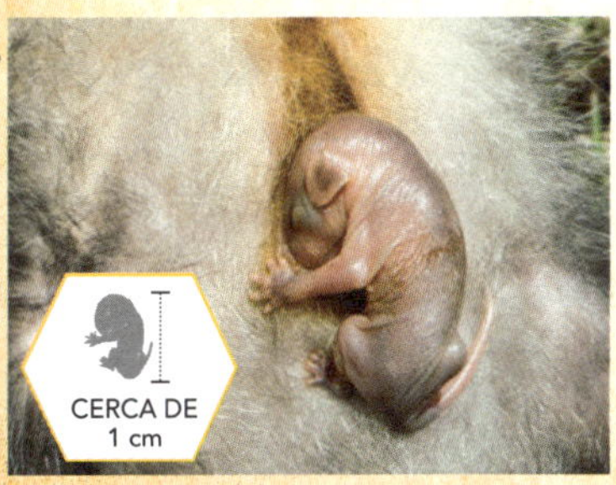

FILHOTES DE GAMBÁ DENTRO DO MARSÚPIO.

GAMBÁ ADULTO.

D) LOGO ANTES DE TER O FORMATO DO CORPO ADULTO, AS MOSCAS PASSAM PELA FASE DE ____________________.

E) A "BOLSA" NO CORPO DA MÃE DO GAMBÁ RECEBE O NOME DE ____________________.

F) TODOS OS SERES APRESENTADOS NESTA PÁGINA E NA PÁGINA ANTERIOR ____

____.

VAMOS VER DE NOVO?

NESTE CAPÍTULO VOCÊ APRENDEU QUE:

- OS SERES VIVOS PODEM SE REPRODUZIR.
- OS SERES VIVOS SE DESENVOLVEM.
- ANIMAIS E VEGETAIS SÃO EXEMPLOS DE SERES VIVOS.
- RAIZ, CAULE, FOLHAS, FLORES E FRUTOS SÃO EXEMPLOS DE ESTRUTURAS VEGETAIS.
- ÁGUA E LUZ, ENTRE OUTROS FATORES, SÃO IMPORTANTES PARA O DESENVOLVIMENTO VEGETAL.

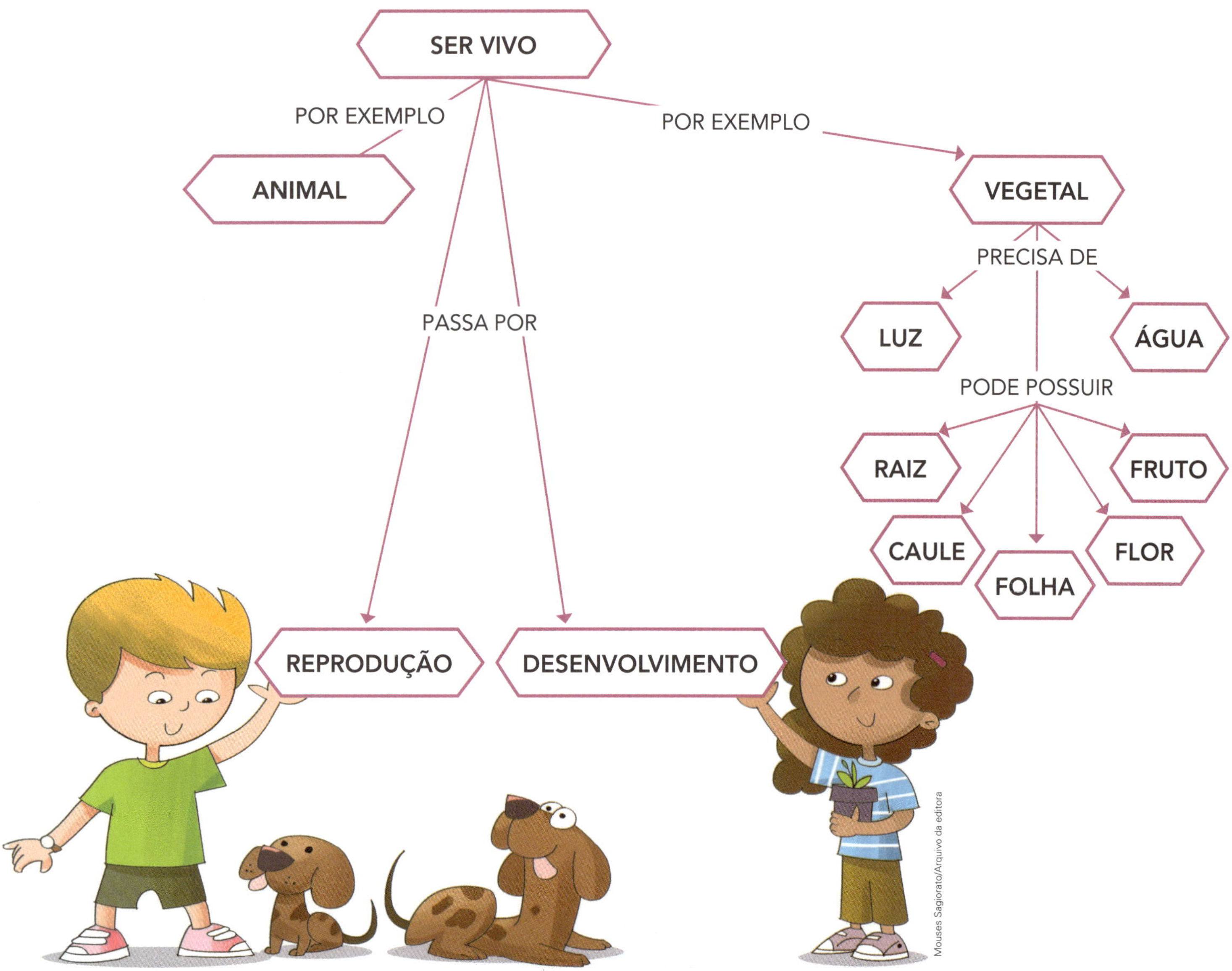

Mouses Sagiorato/Arquivo da editora

1 RESPONDA: O QUE É O "DESENVOLVIMENTO" DE UM SER VIVO?

2 VOCÊ CONCORDA COM O QUE DISSE O MENINO? CONVERSE COM OS COLEGAS E EXPLIQUE SUA RESPOSTA.

Mouses Sagiorato/Arquivo da editora

3 COMPLETE A CRUZADINHA COM O NOME DOS SERES VIVOS QUE APARECEM NO CAPÍTULO. VEJA ABAIXO INFORMAÇÕES DE CADA UM DELES.

A) COM CERCA DE 60 DIAS, ESSE SER VIVO JÁ PRODUZ PEQUENAS FLORES.

B) SÃO SERES VIVOS QUE PODEM SER PLANTADOS PELO SER HUMANO.

C) DURANTE UMA FASE DE SEU DESENVOLVIMENTO ESSE SER VIVO TEM O ASPECTO DE UMA LARVA.

D) NOME DADO AOS FILHOTES DE RÃS, SAPOS E PERERECAS ASSIM QUE SAEM DOS OVOS.

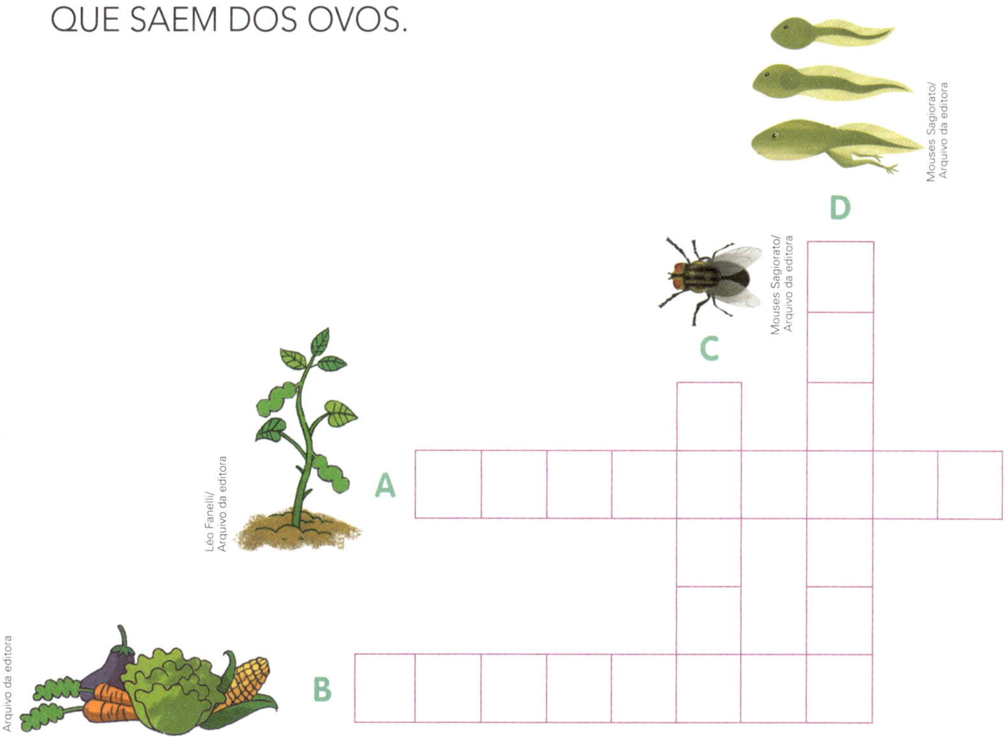

Mouses Sagiorato/Arquivo da editora

Mouses Sagiorato/Arquivo da editora

Léo Fanelli/Arquivo da editora

Léo Fanelli/Arquivo da editora

1 LEIA O TEXTO ABAIXO E OBSERVE COM ATENÇÃO A ILUSTRAÇÃO. DEPOIS, FAÇA AS ATIVIDADES A SEGUIR.

Hagaquezart Estúdio/Arquivo da editora

FAZENDA

FAZENDA É UMA PALAVRA VERDE,
TEM DOCE COM GOSTO DE FRUTA
E, TAMBÉM, TORRESMO,
LEITE, RAPADURA E SAUDADE.

A PALAVRA FAZENDA TEM CHEIRO
DE FLORES, HORTELÃ, EUCALIPTO,
CAPIM-GORDURA E CURRAL.
TEM BARRO, TEM BERROS, LATIDOS,
MUGIDOS, GRITOS, MODAS DE VIOLA
E CANTO DE GALO E DE PÁSSAROS.

A PALAVRA FAZENDA DEIXA HISTÓRIAS,
CALOS NAS MÃOS E CARÍCIAS NA TERRA.

ELIAS JOSÉ E ELISABETH TEIXEIRA. **PEQUENO DICIONÁRIO POÉTICO-HUMORÍSTICO ILUSTRADO.** SÃO PAULO: PAULINAS, 2015.

2 ESCREVA ALGUMAS PALAVRAS QUE EXPRESSAM O QUE VOCÊ SENTIU AO LER ESSE TEXTO.

____

3 CIRCULE NO TEXTO: EM **VERDE** AS PALAVRAS QUE SE REFEREM A ALIMENTOS; EM **AZUL** AS PALAVRAS QUE SE REFEREM A SENTIMENTOS; EM **LARANJA** AS PALAVRAS QUE SE REFEREM A SONS; E EM **PRETO** O NOME DOS SERES VIVOS CITADOS.

4 COM BASE NA LEITURA DO TEXTO DA PÁGINA ANTERIOR, COMPLETE O QUADRO ABAIXO:

PALAVRAS QUE SE REFEREM A	PALAVRAS ENCONTRADAS	NÚMERO DE PALAVRAS ENCONTRADAS
ALIMENTOS		
SENTIMENTOS		
SONS		
SERES VIVOS		

5 SE CADA SOM CITADO NESSE POEMA VALESSE DOIS PONTOS, QUANTOS PONTOS ESSE TEXTO SOMARIA?

6 **MURAL DA TURMA** EM UMA FOLHA AVULSA, ESCREVA UM POEMA, COMO O QUE VOCÊ LEU, SOBRE ALGUM DOS AMBIENTES QUE ESTUDAMOS, COMO A FLORESTA OU O CAMPO AGROPECUÁRIO. ESCOLHA PALAVRAS QUE "SOMEM MAIS PONTOS" AO SEU POEMA. NÃO SE ESQUEÇA DE FAZER UM DESENHO PARA ILUSTRÁ-LO.

7 AS PALAVRAS ABAIXO FORAM CITADAS NO POEMA QUE LEMOS NA PÁGINA ANTERIOR. COMPLETE O QUADRO COM O PLURAL DESSAS PALAVRAS.

SINGULAR	PLURAL
GALO	
FLOR	
CURRAL	
MÃO	
PÁSSARO	

O QUE ESTUDAMOS

NESTA UNIDADE VOCÊ VIU QUE:

- ALGUNS AMBIENTES PODEM SER MODIFICADOS PELO SER HUMANO.
- ALGUNS AMBIENTES TÊM SIDO MALCUIDADOS PELOS SERES HUMANOS.
- NOS AMBIENTES EXISTEM SERES VIVOS QUE SE REPRODUZEM E SE MODIFICAM COM O PASSAR DO TEMPO.

OBSERVE AS IMAGENS A SEGUIR E RELEMBRE O QUE ESTUDOU. DEPOIS, CONVERSE COM OS COLEGAS E COM O PROFESSOR SOBRE O QUE VOCÊ APRENDEU NESTA UNIDADE QUE ANTES NÃO SABIA.

REGISTRE SUAS IDEIAS NO CADERNO.

VOCÊ...

Andre Dib/Pulsar Imagens

J R Ripper/Brazil Photos/LightRocket/Getty Images

... OBSERVOU CAMPOS AGROPECUÁRIOS E FLORESTAS.

Iuliia Timofeeva/Shutterstock

... COMPAROU AMBIENTES, COMO CIDADES, CAMPOS AGROPECUÁRIOS E FLORESTAS.

Nessa Gnatoush/Shutterstock

... VIU COMO O SER HUMANO TEM MODIFICADO O AMBIENTE.

Fernando Favoretto/Criar Imagem

... APRENDEU COMO PODE CUIDAR DO AMBIENTE.

Fernando Araújo/Futura Press

... ENTENDEU QUE OS VEGETAIS SÃO IMPORTANTES POR VÁRIOS MOTIVOS.

Michael & Patricia Fogden/Corbis/Latinstock

... ESTUDOU O DESENVOLVIMENTO E A REPRODUÇÃO DE ALGUNS SERES VIVOS.

FOLHEIE AS PÁGINAS ANTERIORES E REFLITA SOBRE VALORES, ATITUDES E O QUE VOCÊ SENTIU E APRENDEU NESTA UNIDADE.

- QUAIS ANIMAIS E PLANTAS VOCÊ MAIS GOSTOU DE ESTUDAR?
- COMO VOCÊ SE SENTE QUANDO ESTÁ EM UM AMBIENTE BEM CUIDADO? E EM UM AMBIENTE MALCUIDADO?
- A PARTIR DE AGORA, O QUE VOCÊ VAI FAZER PARA AJUDAR A CUIDAR DO AMBIENTE DE CASA E DO AMBIENTE DA ESCOLA?

UNIDADE 2

DESENVOLVIMENTO E CORPO HUMANO

Kami Queiroz/Arquivo da editora

- QUANTOS ANOS VOCÊ ACHA QUE TEM A MENINA QUE ESTÁ NA CAMA? JUSTIFIQUE A RESPOSTA.
- TODOS NESSA IMAGEM PARECEM ESTAR BEM DE SAÚDE? EXPLIQUE A RESPOSTA.
- NA SUA OPINIÃO, O QUE A CRIANÇA ESTÁ SENTINDO?

CAPÍTULO 4

VOCÊ ESTÁ FICANDO MAIS VELHO

Gvictoria/Shutterstock

VOCÊ JÁ FICOU COM UMA "JANELINHA" ENTRE OS DENTES?

NESTE CAPÍTULO VAMOS ESTUDAR ALGUNS HÁBITOS DE HIGIENE, COMO ESCOVAR OS DENTES. TAMBÉM VAMOS DISCUTIR OUTROS CUIDADOS QUE VOCÊ DEVE TER COM O CORPO.

PARA INICIAR

- VOCÊ JÁ PERDEU ALGUM DENTE? E DEPOIS DISSO APARECEU UM NOVO DENTE NO LUGAR?
- O QUE VOCÊ FAZ PARA CUIDAR DOS SEUS DENTES?
- E DO SEU CORPO, COMO VOCÊ CUIDA?

ATIVIDADE PRÁTICA

VAMOS OBSERVAR NOSSOS DENTES E OS DENTES DE UM COLEGA?

COMO FAZER

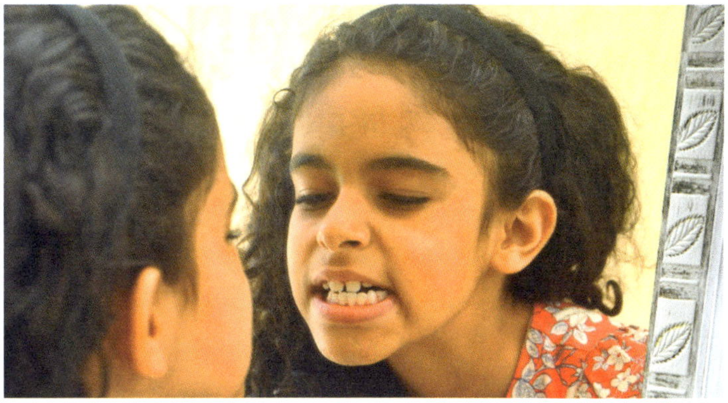

Eduardo Santaliestra/Arquivo da editora

1. FIQUE DIANTE DE UM ESPELHO E OBSERVE OS SEUS DENTES.

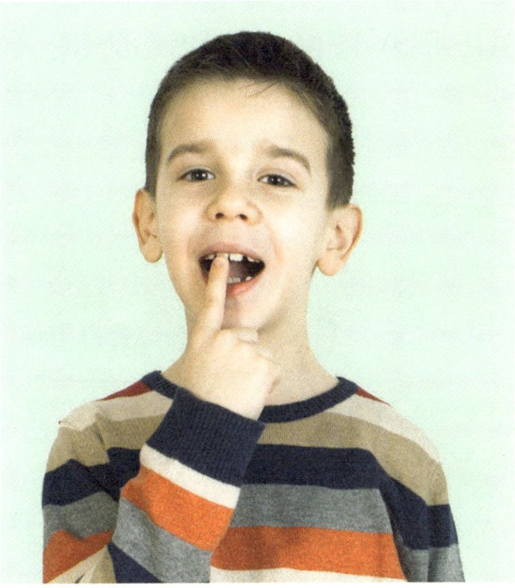

Deyan Georgiev/Shutterstock

2. CONTE QUANTOS DENTES VOCÊ TEM.

Fernando Favoretto/Criar Imagem

3. OBSERVE OS DENTES DE UM COLEGA E COMPARE-OS COM OS SEUS.

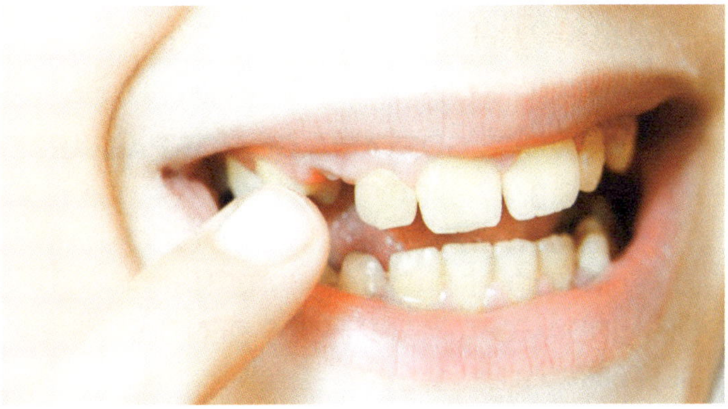

Yilmaz Uslu/Shutterstock

4. DEPOIS, TROQUEM IDEIAS SOBRE OS DENTES DE CADA UM DE VOCÊS: QUAIS JÁ CAÍRAM? QUAIS APARECERAM RECENTEMENTE?

SEUS DENTES, SUA IDADE

VAMOS ESTUDAR NOSSOS DENTES E APRENDER A CUIDAR DELES.

MASTIGAR OS ALIMENTOS ANTES DE ENGOLIR É O PRIMEIRO PASSO DA DIGESTÃO. E PARA ISSO PRECISAMOS DOS NOSSOS DENTES. QUE TAL CONHECER UM POUCO MELHOR OS SEUS DENTES?

PARA COMEÇAR, ACOMPANHE COM O PROFESSOR A LEITURA DA ENTREVISTA COM UMA DENTISTA. VEJA O QUE ELA TEM A NOS DIZER.

COM A PALAVRA...

POR QUE OS DENTES DAS CRIANÇAS CAEM?

EMBAIXO DO DENTE DE LEITE DA CRIANÇA EXISTE UM OUTRO DENTE. À MEDIDA QUE ESSE OUTRO DENTE CRESCE, O DENTE DE LEITE VAI "AMOLECENDO" (DESPRENDENDO-SE DA GENGIVA) ATÉ CAIR E DAR LUGAR AO OUTRO.

QUANTO TEMPO DURA O DENTE QUE SUBSTITUI O DENTE DE LEITE?

ELE FICARÁ CONOSCO PELO RESTO DA VIDA, POR ISSO É CHAMADO DE **DENTE PERMANENTE**. EM GERAL, UM ADULTO TEM 32 DENTES PERMANENTES, E UMA CRIANÇA QUE AINDA NÃO COMEÇOU A TROCAR OS SEUS DENTES TEM 20 DENTES DE LEITE.

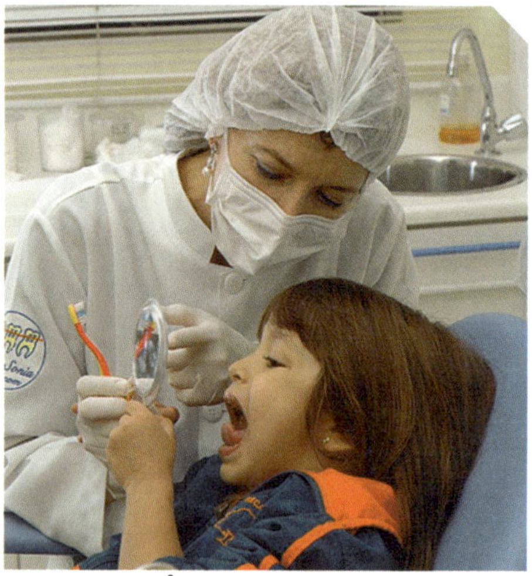

Roberto Duarte/Acervo do fotógrafo

A DRA. SÔNIA MARIA ALVES RECOMENDA: VISITE O DENTISTA REGULARMENTE.

O QUE DEVEMOS FAZER PARA CUIDAR DOS NOSSOS DENTES?

TEMOS DE ESCOVAR OS DENTES ADEQUADAMENTE. ALÉM DISSO, TAMBÉM É IMPORTANTE LIMPAR MUITO BEM O ESPAÇO ENTRE UM DENTE E OUTRO, POIS AÍ PODE SE ACUMULAR MUITA SUJEIRA. PARA ISSO DEVEMOS USAR O FIO DENTAL.

EXISTE ALGUM RECADO IMPORTANTE QUE VOCÊ GOSTARIA DE NOS PASSAR?

SIM, O PRIMEIRO É: EVITE COMER MUITAS BALAS, DOCES E OUTRAS GULOSEIMAS. ELES SÃO GOSTOSOS, MAS CONTRIBUEM PARA QUE OCORRAM VÁRIOS PROBLEMAS NOS DENTES. O SEGUNDO RECADO É: VISITE UM DENTISTA REGULARMENTE. ELE PODE AJUDÁ-LO A MANTER OS DENTES LIMPOS E A PREVENIR PROBLEMAS DENTÁRIOS.

1 O CARTAZ ABAIXO EXPLICA COMO ESCOVAR OS DENTES CORRETAMENTE. AJUDE A TERMINÁ-LO SEGUINDO ESTES PASSOS:

A) USE OS TERMOS DO BANCO DE PALAVRAS PARA PREENCHER AS LACUNAS DO TEXTO.

GENGIVA	ESCOVA	DENTES	BOCA

B) NOS ESPAÇOS EM BRANCO, FAÇA DESENHOS OU COLE IMAGENS PARA ILUSTRAR O CARTAZ.

COMO ESCOVAR OS DENTES

PARA TER DENTES FORTES E SAUDÁVEIS, É IMPORTANTE ESCOVAR OS ______________ APÓS AS REFEIÇÕES E VISITAR REGULARMENTE O DENTISTA. CONHEÇA AGORA OS PASSOS PARA UMA BOA ESCOVAÇÃO.

Mark Janus/Shutterstock

1 COLOQUE A ESCOVA NA LINHA DA GENGIVA. ESCOVE COM DELICADEZA PARA NÃO MACHUCAR A ______________.

2 COM A ESCOVA LIGEIRAMENTE INCLINADA, FAÇA MOVIMENTOS DE CIMA PARA BAIXO NOS DENTES DE CIMA. DEPOIS, ESCOVE TODOS OS ______________ DE BAIXO FAZENDO MOVIMENTOS DE BAIXO PARA CIMA.

3 REPITA OS MESMOS MOVIMENTOS EM TODAS AS PARTES DOS DENTES.

4 NÃO SE ESQUEÇA DE ESCOVAR CUIDADOSAMENTE TODOS OS DENTES DO FUNDO.

5 ENXÁGUE BEM A ______________. PARA COMPLETAR UMA BOA HIGIENE, ESCOVE COM DELICADEZA A LÍNGUA TAMBÉM.

6 MANTENHA A SUA ______________ SEMPRE LIMPA.

7 LEMBRE-SE DE PASSAR FIO DENTAL PARA LIMPAR OS ESPAÇOS ENTRE OS ______________.

VOCÊ TEM TODOS OS TIPOS DE DENTE MOSTRADOS NESTA IMAGEM?

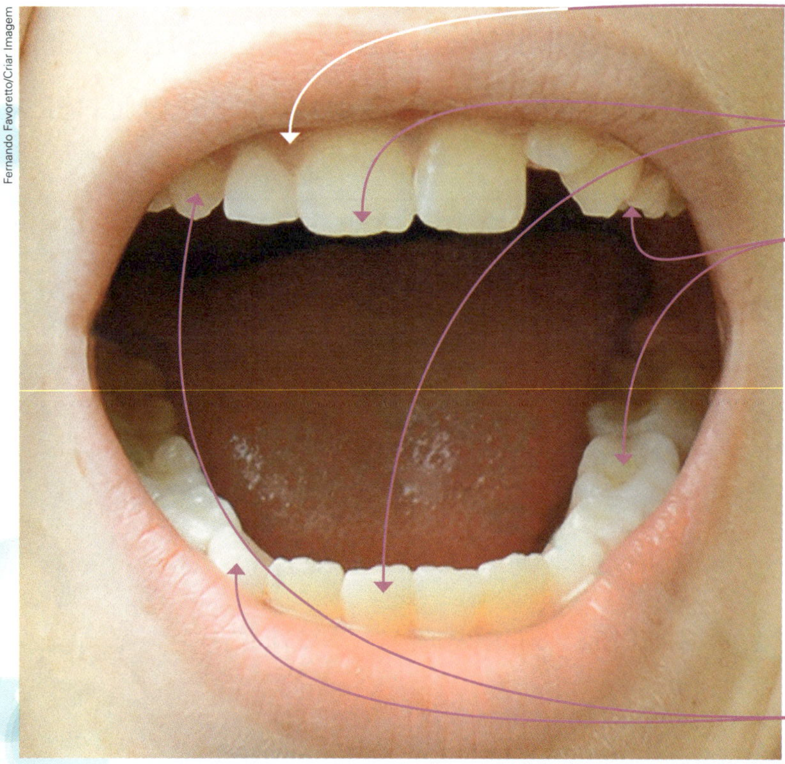

A **GENGIVA** SEGURA E PROTEGE OS DENTES.

OS DENTES **INCISIVOS** CORTAM OS ALIMENTOS.

OS DENTES **MOLARES** ESMAGAM E MOEM OS ALIMENTOS.

OS DENTES **CANINOS** RASGAM OS ALIMENTOS.

2 OBSERVE A IMAGEM ACIMA E AS DA PRÓXIMA PÁGINA. DEPOIS, LEIA AS LEGENDAS E TROQUE IDEIAS COM OS COLEGAS:

A) OS DENTES SÃO TODOS IGUAIS?

B) EXPLIQUE: PARA QUE SERVE O FIO DENTAL?

____

____

SUGESTÃO DE...

LIVRO
BALAS, BOMBONS, CARAMELOS. ANA MARIA MACHADO. SÃO PAULO: MODERNA, 2008.

3 OBSERVE NOVAMENTE OS SEUS DENTES E OS DE UM COLEGA. PREENCHA A TABELA INFORMANDO QUANTOS DENTES CADA UM DE VOCÊS TEM.

NÃO SE ESQUEÇA DE ESCREVER O NOME DO COLEGA!

	TIPOS DE DENTE		
	INCISIVOS	CANINOS	MOLARES
EU			

AAraujo/Shutterstock

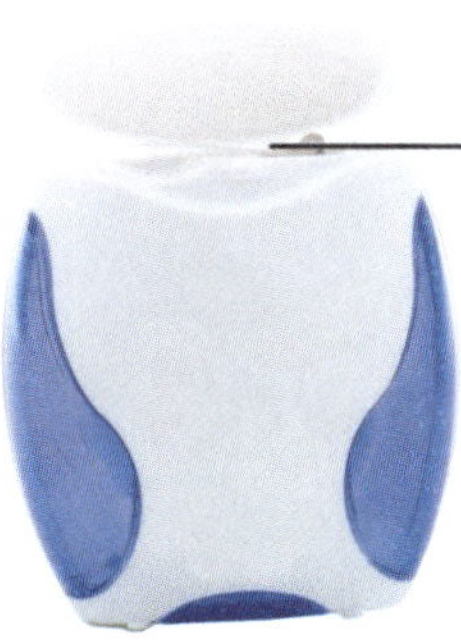

Levent Konuk/Shutterstock

FIO DENTAL.

Hagaquezart Estúdio/Arquivo da editora

4 O QUE VOCÊ DIRIA PARA CONVENCER ALGUÉM SOBRE A IMPORTÂNCIA DE LAVAR A ESCOVA DE DENTE?

____

____

5 NO ESPAÇO ABAIXO FAÇA UMA HISTÓRIA EM QUADRINHOS EXPLICANDO COMO SE DEVE ESCOVAR OS DENTES.

SEUS HÁBITOS, SUA IDADE

O QUE VOCÊ FAZ PARA CUIDAR DO SEU CORPO?

JÁ ACONTECEU DE VOCÊ FICAR UM DIA INTEIRO SEM ESCOVAR OS DENTES? VOCÊ SE ESQUECEU OU FICOU COM PREGUIÇA?

QUANDO SOMOS MAIS NOVOS, PRECISAMOS QUE OS ADULTOS NOS LEMBREM A TODO O MOMENTO DE CERTOS CUIDADOS:

— VÁ ESCOVAR OS DENTES!

— DEIXE DE COMER BOBAGENS, POIS ELAS PODEM ESTRAGAR OS SEUS DENTES.

MAS, À MEDIDA QUE FICAMOS MAIS VELHOS, PASSAMOS A NOS CUIDAR MAIS, DIA APÓS DIA, SEM QUE OS ADULTOS PRECISEM NOS LEMBRAR.

SOZINHOS, NÓS ESCOVAMOS OS DENTES E TOMAMOS BANHO, PENTEAMOS OS CABELOS, CORTAMOS AS UNHAS, LAVAMOS AS MÃOS. TODOS ESSES HÁBITOS SÃO RELACIONADOS À HIGIENE DO CORPO.

MAS, ALÉM DESSES, EXISTEM OUTROS HÁBITOS IMPORTANTES PARA A NOSSA SAÚDE, COMO: IR AO DENTISTA REGULARMENTE, DORMIR UM NÚMERO ADEQUADO DE HORAS E NOS ALIMENTAR DE MANEIRA SAUDÁVEL.

QUAIS DESSES HÁBITOS VOCÊ JÁ TEM? E DE QUAIS CUIDADOS OS ADULTOS PRECISAM LEMBRÁ-LO?

Léo Fanelli/Arquivo da editora

SUGESTÃO DE...

LIVRO

NÃO QUERO TOMAR BANHO.
ANA OOM. SÃO PAULO: FTD, 2014.

1 COM BASE NA LEITURA DO TEXTO, FAÇA UM DESENHO EM CADA QUADRO, CONFORME A LEGENDA.

› EXEMPLO DE HÁBITO DE HIGIENE.

› EXEMPLO DE HÁBITO QUE FAZ BEM À SAÚDE EM GERAL.

2 LEIA A TIRINHA. ELA MOSTRA UMA PERSONAGEM QUE DESENVOLVEU UM HÁBITO NÃO RECOMENDADO.

3 AGORA, RESPONDA:

A) QUAL É O HÁBITO NÃO RECOMENDADO, CARACTERÍSTICO DESSA PERSONAGEM?

____

B) SERÁ QUE, ASSIM COMO ESSA PERSONAGEM, VOCÊ TEM ALGUM HÁBITO QUE NÃO DEVE SERVIR DE EXEMPLO PARA NINGUÉM?

____

____

ASSIM TAMBÉM APRENDO

4 VAMOS JOGAR O **JOGO DOS HÁBITOS OPOSTOS**? ELE PODE NOS AJUDAR A DESENVOLVER HÁBITOS SAUDÁVEIS PARA O NOSSO BEM-ESTAR.

- FAÇA AS CARTAS DO JOGO. SERÃO DOIS BARALHOS:
  - BARALHO DE HÁBITOS: FAÇA ALGUMAS CARTAS COM HÁBITOS **RECOMENDADOS** (POR EXEMPLO, TOMAR BANHO DIARIAMENTE) E OUTRAS COM HÁBITOS **NÃO RECOMENDADOS** (POR EXEMPLO, NÃO ESCOVAR OS DENTES).
  - BARALHO DE NÚMEROS: FAÇA ALGUMAS CARTAS COM O NÚMERO 1 E ALGUMAS CARTAS COM O NÚMERO 2.
- MISTURE AS CARTAS E DEIXE OS BARALHOS NOS LOCAIS INDICADOS NO TABULEIRO.

USE GRÃOS DE FEIJÃO COLORIDOS PARA MARCAR AS CASAS NO TABULEIRO.

- SORTEIE UMA CARTA DO BARALHO DE NÚMEROS PARA SABER QUANTAS CASAS ANDAR NA TRILHA.
- AO CHEGAR NO LOCAL ADEQUADO, SORTEIE UMA CARTA DO BARALHO DE HÁBITOS.
- SE VOCÊ TIRAR UM HÁBITO NÃO RECOMENDADO, VOLTE UMA CASA. SE TIRAR UM HÁBITO RECOMENDADO, AVANCE UMA CASA.
- SE VOCÊ PARAR NA ILUSTRAÇÃO DE UM HÁBITO, ESCOLHA OUTRO JOGADOR: ELE DEVERÁ FAZER UMA MÍMICA PARA REPRESENTAR ESSE HÁBITO.
- VENCE O JOGO QUEM TERMINAR O PERCURSO PRIMEIRO.

5 COMPLETE AS LEGENDAS, EXPLICANDO CADA HÁBITO ILUSTRADO.

Giz de Cera/Arquivo da editora

VAMOS VER DE NOVO?

NESTE CAPÍTULO VOCÊ APRENDEU QUE:

- NOSSA DENTIÇÃO MUDA À MEDIDA QUE O TEMPO PASSA.
- DEVEMOS ESCOVAR OS DENTES CORRETAMENTE E VISITAR O DENTISTA REGULARMENTE.
- DEVEMOS DESENVOLVER HÁBITOS QUE FAVOREÇAM NOSSO BEM-ESTAR, COMO OS HÁBITOS DE HIGIENE, POR EXEMPLO.
- ESTAMOS FICANDO MAIS VELHOS E SOMOS CADA VEZ MAIS RESPONSÁVEIS POR MANTER NOSSO PRÓPRIO BEM-ESTAR.

BEM-ESTAR

PODE SER PROMOVIDO POR

HÁBITOS SAUDÁVEIS

RELACIONAM-SE, POR EXEMPLO, COM

ALIMENTAÇÃO

HIGIENE

ENVOLVE, POR EXEMPLO, CUIDADO COM OS

DENTES

DESCANSO

Mouses Sagiorato/Arquivo da editora

1 COMPLETE OS ESQUEMAS USANDO OS TERMOS E AS EXPRESSÕES MAIS ADEQUADOS DO BANCO DE PALAVRAS.

DENTE PERMANENTE	ESCOVAÇÃO	BEM-ESTAR	DENTE DE LEITE
BANHO DIÁRIO	ESCOVAR OS DENTES		

DENTE
PODE SER
→ ______________ → ______________

DENTE
DEVE RECEBER
→ ______________

HÁBITOS SAUDÁVEIS
PROPORCIONAM
→ ______________

HÁBITOS SAUDÁVEIS
EXEMPLOS
→ ______________ → ______________

2 LEIA ESTA TIRINHA.

AGORA, RESPONDA:

A) QUAL HÁBITO NÃO RECOMENDADO É CARACTERÍSTICO DESSE PERSONAGEM?

____

B) NO CADERNO, FAÇA UMA HISTÓRIA EM QUADRINHOS PARA MOSTRAR, DE FORMA BEM-HUMORADA, UM HÁBITO QUE VOCÊ SABE QUE DEVE MUDAR OU UM HÁBITO QUE VOCÊ ACHA QUE DEVE ADQUIRIR.

CAPÍTULO 5

FERIMENTOS E CUIDADOS

Giz de Cera/Arquivo da editora

VOCÊ SABE CUIDAR DO SEU CORPO?

NESTE CAPÍTULO VAMOS ESTUDAR COMO PODEMOS CUIDAR MELHOR DE NÓS MESMOS: TRATANDO DOS MACHUCADOS, EVITANDO ACIDENTES E TOMANDO VACINAS.

PARA INICIAR

- O QUE VOCÊ ACHA QUE PODE FAZER PARA EVITAR ACIDENTES E DIMINUIR AS CHANCES DE SE MACHUCAR?
- QUANDO ALGUÉM SOFRE ARRANHÕES E FERIMENTOS LEVES, O QUE PODEMOS FAZER PARA TRATAR ESSES MACHUCADOS?
- VOCÊ JÁ FOI A UM POSTO DE SAÚDE? VOCÊ SABE EM QUE SITUAÇÕES AS PESSOAS VÃO A UM POSTO DE SAÚDE?

ATIVIDADE PRÁTICA

QUE TAL MONTAR A PEÇA "POSTO DE SAÚDE" COM OS COLEGAS?

COMO FAZER

Fotos: Fernando Favoretto/Criar Imagem

1. DECIDAM QUEM SERÃO AS PERSONAGENS PRINCIPAIS E POR QUE VÃO PROCURAR O POSTO DE SAÚDE.

2. CAPRICHEM NA MONTAGEM DO CENÁRIO QUE REPRESENTARÁ O POSTO DE SAÚDE.

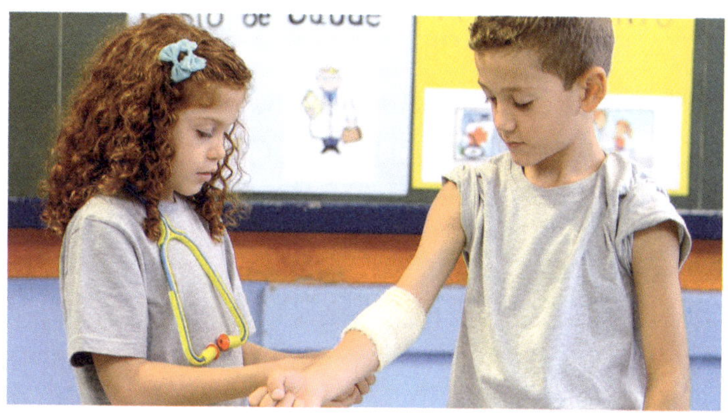

3. ENCENEM O ATENDIMENTO FEITO PELO MÉDICO, ENFERMEIRO OU AGENTE DE SAÚDE.

4. ENCERREM A PEÇA TEATRAL COM UM RECADO SOBRE A IMPORTÂNCIA DOS POSTOS DE SAÚDE.

QUANDO NOS MACHUCAMOS...

VAMOS APRENDER A CUIDAR DOS MACHUCADOS.

PROVAVELMENTE VOCÊ JÁ SOFREU ALGUM ARRANHÃO OU PEQUENO FERIMENTO. MAS JÁ SOFREU UM MACHUCADO MAIS GRAVE, COMO QUEBRAR UM OSSO, POR EXEMPLO?

OBSERVE A SEGUIR FOTOGRAFIAS QUE MOSTRAM A RECUPERAÇÃO DE UM PEQUENO CORTE NA PELE.

Fotos: Schrempp/Photoresearchers/Getty Images

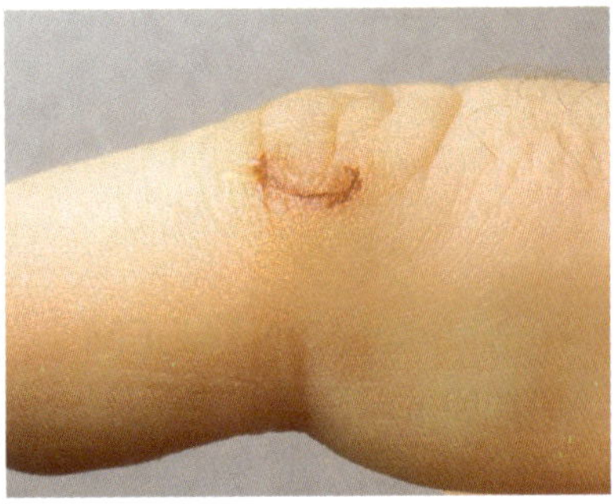

FERIDA RECENTE.

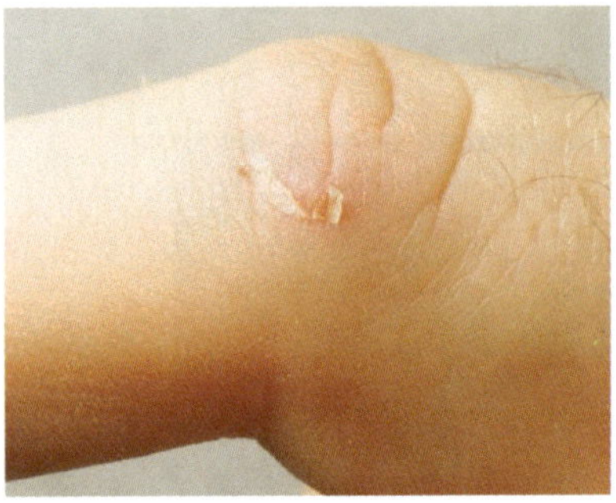

FERIDA APÓS UMA SEMANA.

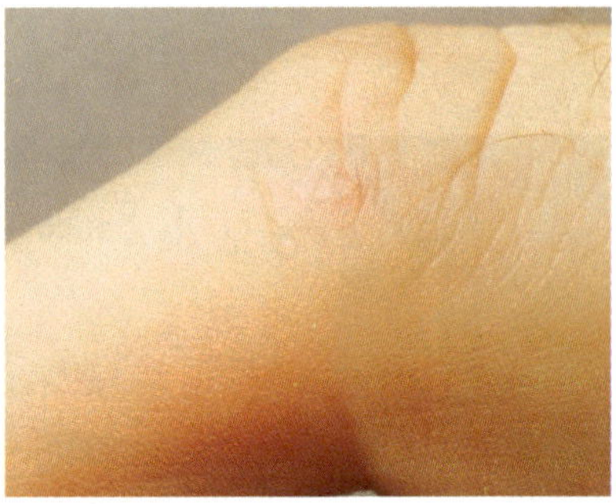

FERIDA APÓS UM MÊS.

AGORA VEJA AS RADIOGRAFIAS AO LADO, DE UM OSSO DO BRAÇO QUE FOI QUEBRADO E DA SUA RECUPERAÇÃO.

À MEDIDA QUE O TEMPO PASSA, AS FERIDAS E OS MACHUCADOS CICATRIZAM, E ATÉ UM OSSO QUEBRADO PODE SE RECUPERAR.

NO CASO DE FERIMENTOS SUPERFICIAIS, COMO UM CORTE, É IMPORTANTE SEMPRE MANTER A ÁREA LIMPA, PARA EVITAR QUE O MACHUCADO PIORE.

JÁ PARA MUITOS CASOS DE FRATURA ÓSSEA, O MAIS INDICADO É IMOBILIZAR A ÁREA ATINGIDA.

Fotos: Baters, M.D./Custom Medical Stock Photo/SPL/Latinstock

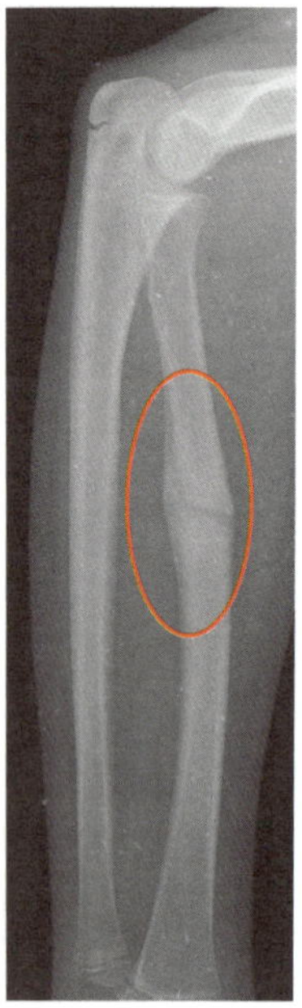

FRATURA RECENTE.

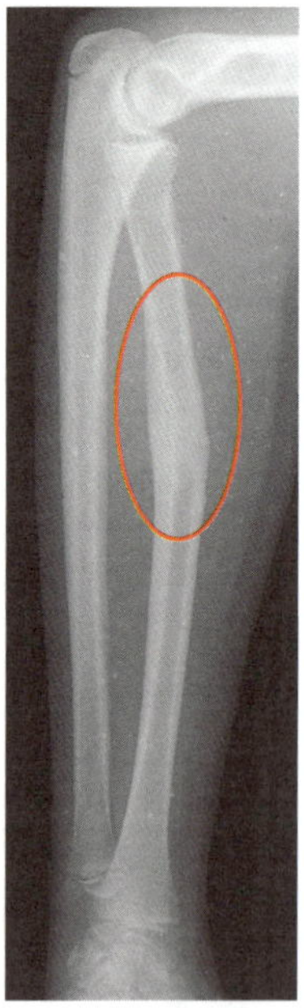

FRATURA APÓS UM MÊS.

SE VOCÊ SOFRER UM FERIMENTO, AVISE UM ADULTO PARA ELE AVALIAR SE É NECESSÁRIO PROCURAR UM POSTO DE SAÚDE. TAMBÉM NÃO PASSE NENHUM PRODUTO NOS MACHUCADOS SEM ANTES CONVERSAR COM UM ADULTO.

1 REVEJA, NA PÁGINA ANTERIOR, AS FOTOGRAFIAS DO DEDO MACHUCADO. AGORA, COMPLETE O TEXTO ABAIXO, EXPLICANDO COMO O CORTE CICATRIZOU.

A MENINA MACHUCOU O DEDO HÁ UM MÊS.

LOGO DEPOIS DE SE MACHUCAR, A PELE DO DEDO DA MENINA ESTAVA ____.

MAS, DEPOIS DE UMA SEMANA, A PELE DO DEDO ESTAVA ____.

DEPOIS DE UM MÊS, A PELE DO DEDO ESTAVA ____.

2 OBSERVE A SEGUIR AS RADIOGRAFIAS DE DIFERENTES PARTES DO CORPO. IDENTIFIQUE A IMAGEM QUE APRESENTA UM OSSO QUEBRADO E MARQUE-A COM UM **X**.

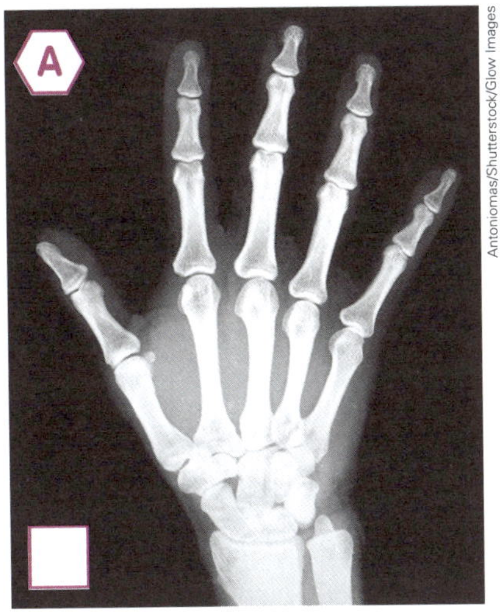

Antoniomas/Shutterstock/Glow Images

RADIOGRAFIA DE MÃO.

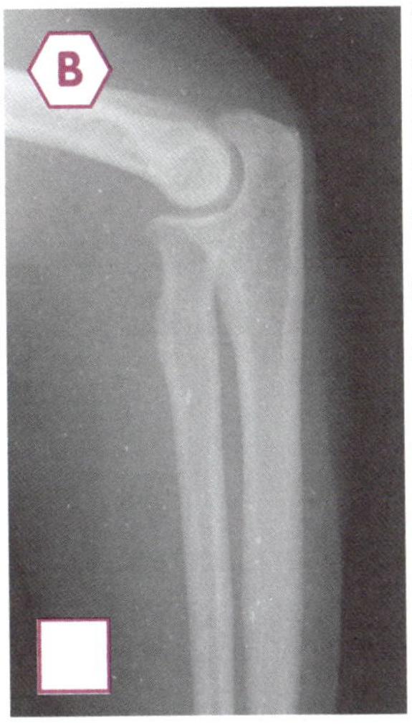

Edward Kinsman/Photoresearchers/Latinstock

RADIOGRAFIA DE BRAÇO.

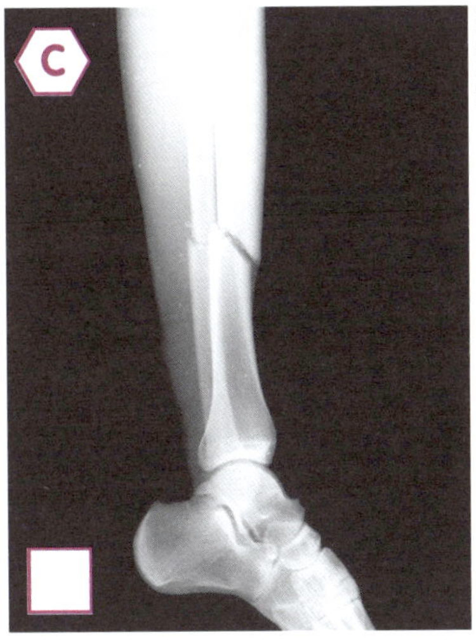

SPL/Latinstock

RADIOGRAFIA DE PERNA.

3 TROQUE IDEIAS COM OS COLEGAS E RESPONDA: QUANDO VOCÊ, OU OUTRA CRIANÇA, SE MACHUCA, POR QUE É IMPORTANTE AVISAR UM ADULTO?

4 LEIA AS HISTÓRIAS EM QUADRINHOS, QUE COMEÇAM NESTA PÁGINA E CONTINUAM NA PÁGINA SEGUINTE.

CRIE UM TÍTULO PARA CADA HISTÓRIA.

Ilustrações: Hagaquezart Estúdio/Arquivo da editora

5 AGORA, RESPONDA:

A) EM QUAL DESSAS HISTÓRIAS A CRIANÇA SOFREU FERIMENTOS SUPERFICIAIS? EXPLIQUE COMO FOI ESSE FERIMENTO.

B) EM QUAL DAS HISTÓRIAS A CRIANÇA SOFREU UM FERIMENTO MAIS GRAVE? EXPLIQUE SUA RESPOSTA.

6 NOS TRECHOS ABAIXO, AS HISTÓRIAS EM QUADRINHOS CONTAM COMO AS CRIANÇAS TRATARAM DE SEUS MACHUCADOS.

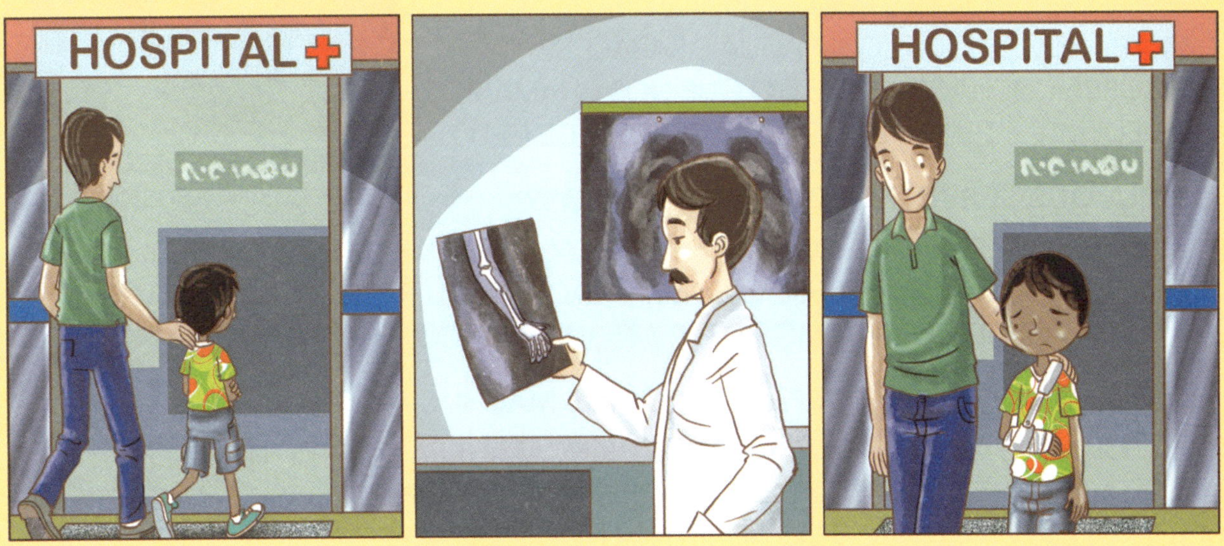

Ilustrações: Hagaquezart Estúdio/Arquivo da editora

7 AGORA, TROQUE IDEIAS COM OS COLEGAS E EXPLIQUE:

A) O QUE FOI FEITO PARA TRATAR DO MACHUCADO NA PRIMEIRA HISTÓRIA?

B) O QUE FOI FEITO PARA TRATAR DO MACHUCADO NA SEGUNDA HISTÓRIA?

8 **MURAL DA TURMA** EM UMA FOLHA AVULSA, FAÇA UMA HISTÓRIA EM QUADRINHOS PARA CONTAR ALGUMA VEZ EM QUE VOCÊ SE MACHUCOU. CONTE TAMBÉM COMO FOI O TRATAMENTO.

CUIDE-SE!

VAMOS APRENDER MAIS SOBRE CUIDADOS QUE DEVEMOS TER COM O CORPO.

UM JEITO DE CUIDAR DA SAÚDE É EVITAR SE MACHUCAR. OUTRO JEITO É TOMAR VACINAS. ESSAS SÃO DICAS DE UMA EXPERIENTE ENFERMEIRA. ACOMPANHE COM O PROFESSOR A LEITURA DA ENTREVISTA E VEJA O QUE MAIS ESSA PROFISSIONAL TEM A NOS DIZER!

COM A PALAVRA...

Reprodução/Acervo do autor

MARIA DO SOCORRO LIMA É ENFERMEIRA APOSENTADA.

QUANDO NOS MACHUCAMOS, O QUE DEVEMOS FAZER?

TEMOS DE PROCURAR UM SERVIÇO MÉDICO. MAS, SE FOR UM FERIMENTO LEVE, COMO PEQUENOS ARRANHÕES, O MAIS RECOMENDADO É LAVAR MUITO BEM O LOCAL COM ÁGUA E SABÃO. SE OCORRER INCHAÇO – QUE É O QUE NÓS CHAMAMOS DE EDEMA –, TEMOS DE USAR COMPRESSA DE GELO.

PARA QUE SERVE O GELO NESSES CASOS?

O GELO SERVE PARA DIMINUIR O INCHAÇO E TAMBÉM PARA ALIVIAR A SENSAÇÃO DE DOR. MAS SE O EDEMA NÃO DIMINUIR MESMO COM A APLICAÇÃO DE GELO, TEMOS DE IR ATÉ UM MÉDICO.

O QUE TEMOS DE FAZER PARA NÃO NOS MACHUCAR?

TODAS AS CRIANÇAS GOSTAM DE BRINCAR. GERALMENTE, NÃO TÊM NOÇÃO DO PERIGO E ACABAM SE ARRISCANDO. POR ISSO, AS CRIANÇAS TÊM DE OUVIR QUANDO OS ADULTOS LHES ALERTAM SOBRE OS RISCOS QUE ESTÃO CORRENDO! NÃO PODEM MEXER COM ELETRICIDADE E COM FACAS NA COZINHA; NÃO PODEM BRINCAR NA PISCINA SEM TER UM ADULTO POR PERTO; NÃO DEVEM ANDAR DESCALÇAS EM LOCAIS NÃO APROPRIADOS; NÃO DEVEM ANDAR NO CARRO SEM O CINTO DE SEGURANÇA, ENTRE OUTRAS PRECAUÇÕES.

QUE OUTRAS ORIENTAÇÕES VOCÊ GOSTARIA DE DAR PARA AS CRIANÇAS?

CRIANÇAS NÃO PODEM FICAR MEXENDO COM O QUE NÃO É APROPRIADO: PRODUTOS PERIGOSOS, FOGO, REMÉDIOS. EVITAR MACHUCAR-SE É UM JEITO DE CUIDAR DA SAÚDE; ASSIM COMO CUIDAR DA ALIMENTAÇÃO, TER HÁBITOS DE HIGIENE E TOMAR VACINAS PARA EVITAR CERTAS DOENÇAS.

1 SEGUNDO AS ORIENTAÇÕES DA ENFERMEIRA, QUE CUIDADOS DEVEMOS TER PARA NÃO NOS MACHUCAR?

____

____

____

2 COMPLETE AS LEGENDAS DAS IMAGENS, EXPLICANDO QUE CUIDADOS AS PESSOAS ESTÃO TOMANDO PARA NÃO SE MACHUCAR. UTILIZE OS TERMOS DO BANCO DE PALAVRAS.

FIOS ELÉTRICOS	FAIXA DE PEDESTRES	PROTEÇÃO	CINTO DE SEGURANÇA

A

Zholobov Vadim/Shutterstock

› SEMPRE ATRAVESSE A RUA COM UM ADULTO NA _______________.

B

Greenland/Shutterstock

› USE EQUIPAMENTOS DE _______________ QUANDO ANDAR DE BICICLETA, PATINS OU *SKATE*.

C

Blend Images/Getty Images

› NO CARRO, SENTE-SE NO BANCO DE TRÁS E USE O _______________.

D

ValeryMinyaev/Shutterstock

› SOLTE PIPA BEM LONGE DOS _______________ _______________.

3 CONVERSE COM OS COLEGAS: POR QUE TOMAR VACINAS TAMBÉM É UMA MANEIRA DE CUIDAR DE NÓS MESMOS?

4 UMA CRIANÇA FOI TOMAR VACINA NO POSTO DE SAÚDE. NUMERE CADA IMAGEM PARA INDICAR A SEQUÊNCIA DE EVENTOS.

Ilustrações: Mouses Sagiorato/Arquivo da editora

DESAFIO

5 TROQUE IDEIAS COM OS COLEGAS: COM QUAL DAS CRIANÇAS A SEGUIR VOCÊ CONCORDA? DE QUAL VOCÊ DISCORDA?

Mouses Sagiorato/Arquivo da editora

6 QUANDO FOI A ÚLTIMA VEZ QUE VOCÊ FOI VACINADO? VOCÊ SABE QUAL FOI A VACINA QUE TOMOU NESSE DIA?

7 ANALISE A CARTEIRA DE VACINAÇÃO E RESPONDA ÀS QUESTÕES.

VACINA	PROTEÇÃO CONTRA	IDADE E NÚMERO DE DOSES										
		AO NASCER	2º MÊS	3º MÊS	4º MÊS	5º MÊS	6º MÊS	9º MÊS	12º MÊS	15º MÊS	4-6 ANOS	9 ANOS
BCG	TUBERCULOSE	DOSE ÚNICA										
HEPATITE B	HEPATITE B	1ª DOSE	2ª DOSE		3ª DOSE		4ª DOSE					
DTP/DTPA	DIFTERIA, TÉTANO, COQUELUCHE		1ª DOSE		2ª DOSE		3ª DOSE			DOSE DE REFORÇO	DOSE DE REFORÇO	
HIB	MENINGITE		1ª DOSE		2ª DOSE		3ª DOSE					
PÓLIO INATIVADA /ORAL	POLIOMIELITE (PARALISIA INFANTIL)		1ª DOSE		2ª DOSE		3ª DOSE			DOSE DE REFORÇO	DOSE DE REFORÇO	
ROTAVÍRUS	DIARREIA		1ª DOSE		2ª DOSE							
PNEUMOCÓCICA CONJUGADA	MENINGITE, OTITE, PNEUMONIA		1ª DOSE		2ª DOSE				DOSE DE REFORÇO			
MENINGOCÓCICA C	MENINGITE			1ª DOSE		2ª DOSE			DOSE DE REFORÇO			
SCRV (TETRAVIRAL)	SARAMPO, RUBÉOLA, CAXUMBA, VARICELA									DOSE ÚNICA		
SRC	SARAMPO, CAXUMBA, RUBÉOLA								1ª DOSE		2ª DOSE	
HEPATITE A	HEPATITE A								DOSE ÚNICA			
HPV (MENINAS)	HPV (CÂNCER DE COLO UTERINO)											2 DOSES
FEBRE AMARELA	FEBRE AMARELA							A PARTIR DOS 9 MESES (ÁREAS ENDÊMICAS)				

FONTE DE PESQUISA: SECRETARIA DE ESTADO DA SAÚDE DO ESPÍRITO SANTO. DISPONÍVEL EM: <http://saude.es.gov.br/media/sesa/vacina%c3%a7%c3%a3o/calend%c3%a1rio%20nacional%20de%20vacina%c3%a7%c3%a3o%20-%202017.pdf>. ACESSO EM: 4 FEV. 2017.

CONVERSE COM SEUS PAIS OU RESPONSÁVEIS SOBRE SUA CARTEIRA DE VACINAÇÃO: HÁ ALGUMA VACINA QUE NÃO ESTÁ EM DIA?

A) COM QUE IDADE É INDICADO TOMAR AS DOSES DA VACINA CONTRA A PARALISIA INFANTIL (POLIOMIELITE)?

B) PARA QUAIS VACINAS É RECOMENDADO UM REFORÇO ENTRE 4 E 6 ANOS DE IDADE?

C) QUAIS SÃO AS VACINAS INDICADAS PARA O BEBÊ NOS SEIS PRIMEIROS MESES DE VIDA?

VAMOS VER DE NOVO?

NESTE CAPÍTULO VOCÊ APRENDEU QUE:

- À MEDIDA QUE O TEMPO PASSA, FERIDAS, MACHUCADOS E ATÉ MESMO FRATURAS PODEM SER CURADOS.
- PREVENIR ACIDENTES, USAR EQUIPAMENTOS DE PROTEÇÃO E VACINAR-SE SÃO MANEIRAS DE CUIDAR DO NOSSO CORPO.
- VACINAS PODEM PREVENIR DETERMINADAS DOENÇAS.

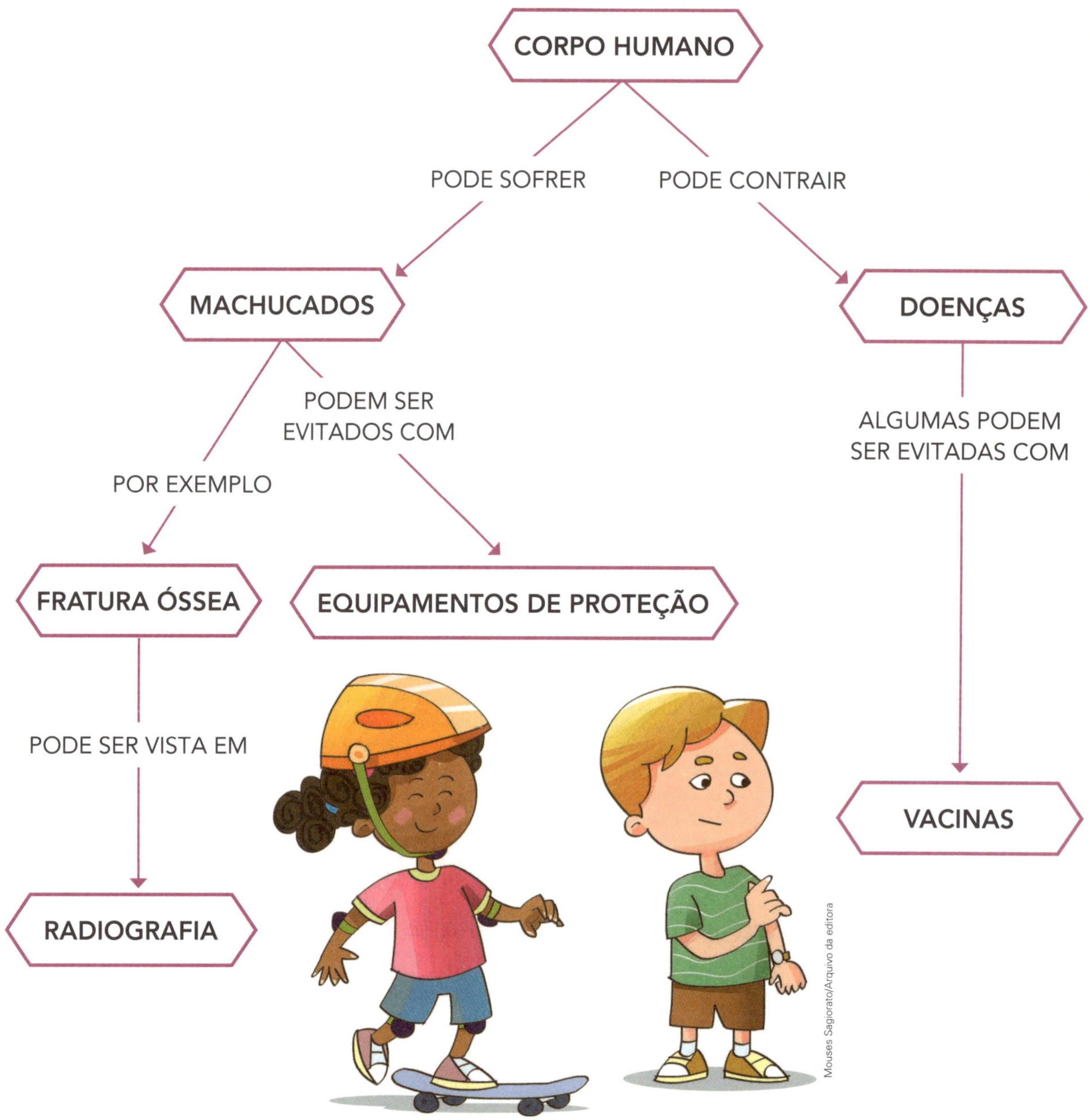

Mouses Sagiorato/Arquivo da editora

1 OBSERVE AS IMAGENS E COMPLETE A LEGENDA, EXPLICANDO O QUE ESTÁ SENDO FEITO PARA CUIDAR DO CORPO.

Fotos: Fernando Favoretto/Criar Imagem

» QUANDO SOFREMOS UM FERIMENTO LEVE, O MELHOR A FAZER É ____________________

____

____.

2 OBSERVE A ILUSTRAÇÃO ABAIXO E RESPONDA ÀS QUESTÕES.

Mouses Sagiorato/Arquivo da editora

A) QUAIS EQUIPAMENTOS DE SEGURANÇA AS CRIANÇAS ESTÃO USANDO?

____

B) O QUE VOCÊ DIRIA PARA CONVENCER ALGUÉM A USAR ESSES EQUIPAMENTOS?

____

____

CAPÍTULO 6

EXPLORANDO ALGUNS SENTIDOS

Kdshutterman/Shutterstock

COMO SERIA SE NÃO PUDÉSSEMOS VER, OUVIR, SENTIR CHEIROS OU GOSTOS?

NESTE CAPÍTULO VAMOS EXPLORAR OS SENTIDOS DO CORPO HUMANO E ALGUMAS ESTRUTURAS DO NOSSO CORPO QUE NOS POSSIBILITAM PERCEBER O MUNDO AO NOSSO REDOR.

PARA INICIAR

- VOCÊ SABE O QUE É TATO? EXPLIQUE SUA RESPOSTA.
- FAÇA UMA LISTA DE PALAVRAS QUE VOCÊ USA PARA DESCREVER O QUE PERCEBE AO TOCAR ALGO. AMPLIE ESSA LISTA COM PALAVRAS QUE DESCREVAM OS CHEIROS QUE VOCÊ SENTE.
- VOCÊ SABE QUE CUIDADOS PRECISA TER COM A PELE, PRINCIPALMENTE QUANDO VAI FICAR EXPOSTO AO SOL?

ATIVIDADE PRÁTICA

SEM USAR A VISÃO, VAMOS TENTAR DESCOBRIR O QUE TEM DENTRO DE UMA CAIXA MISTERIOSA, CHEIA DE SURPRESAS?

COMO FAZER

1. DENTRO DE UMA CAIXA GRANDE, PONHA OBJETOS QUE NÃO SEJAM NEM PONTIAGUDOS NEM CORTANTES.

2. COLOQUE OBJETOS BEM DIFERENTES, QUE IMPRESSIONEM OS SENTIDOS PELA TEXTURA, PELO CHEIRO E TAMBÉM PELO BARULHO QUE EMITEM AO SER TOCADOS.

3. CUBRA OS OLHOS DE UM COLEGA E PEÇA-LHE QUE COLOQUE LUVAS. TATEANDO OS OBJETOS DA CAIXA, SEU COLEGA CONSEGUE ADIVINHAR O QUE ELA CONTÉM?

Fotos: Fernando Favoretto/Criar Imagem

4. AINDA DE OLHOS VENDADOS, PEÇA AO COLEGA QUE RETIRE AS LUVAS E TATEIE NOVAMENTE OS OBJETOS. AGORA ELE CONSEGUIU ADIVINHAR O QUE A CAIXA CONTÉM?

SENTIR E PERCEBER

VAMOS EXPLORAR OS NOSSOS SENTIDOS E CONHECER MELHOR AS ESTRUTURAS DO CORPO RELACIONADAS À PERCEPÇÃO.

Mouses Sagiorato/Arquivo da editora

SE VOCÊ ESTIVESSE DE OLHOS VENDADOS, CONSEGUIRIA ADIVINHAR QUAL É O ALIMENTO QUE COLOCA NA BOCA AO COMER? E CONSEGUIRIA TER UMA IDEIA DAS COISAS QUE SE PASSAM AO SEU REDOR?

POR MEIO DOS NOSSOS SENTIDOS PERCEBEMOS O MUNDO QUE NOS CERCA.

AQUILO QUE CHEIRAMOS COM O NARIZ SE REFERE AO SENTIDO DO **OLFATO**. O QUE VEMOS COM OS OLHOS SE REFERE AO SENTIDO DA **VISÃO**. JÁ O QUE PERCEBEMOS AO TOCAR EM ALGO SE REFERE AO **TATO**. AQUILO QUE AS ORELHAS OUVEM SE REFERE À **AUDIÇÃO**. E O QUE PROVAMOS COM A LÍNGUA SE REFERE À **GUSTAÇÃO**.

OS SENTIDOS NÃO FUNCIONAM SOZINHOS. POR EXEMPLO, SE VOCÊ ESTIVER DE NARIZ TAPADO E COLOCAR UM ALIMENTO NA BOCA, A PERCEPÇÃO DO GOSTO DO ALIMENTO FICARÁ ALTERADA.

PARA EXPLICAR E DESCREVER O QUE PERCEBEMOS POR MEIO DOS SENTIDOS, É IMPORTANTE USAR AS PALAVRAS MAIS ADEQUADAS. POR EXEMPLO, UMA COISA PODE SER LISA E TER CHEIRO DE MADEIRA, OUTRA COISA PODE SER BRILHANTE E BARULHENTA, ALGO PODE SER AMARGO E VERDE, ETC.

1 A CRUZADINHA DOS SENTIDOS FOI FEITA USANDO-SE EXPRESSÕES DO TEXTO DA PÁGINA ANTERIOR. COMPLETE AS FRASES ABAIXO E, DEPOIS, A CRUZADINHA.

1. AQUILO QUE "PEGO COM AS MINHAS MÃOS" SE REFERE AO SENTIDO DO TATO____________________.

2. O QUE "VEJO COM MEUS OLHOS" SE REFERE AO SENTIDO DA ____________________.

3. O QUE "CHEIRO COM MEU NARIZ" SE REFERE AO SENTIDO DO ____________________.

4. O QUE "PROVO COM A PONTA DA MINHA LÍNGUA" SE REFERE AO SENTIDO DA ____________________.

5. O QUE "AS ORELHAS OUVEM" SE REFERE AO SENTIDO DA ____________.

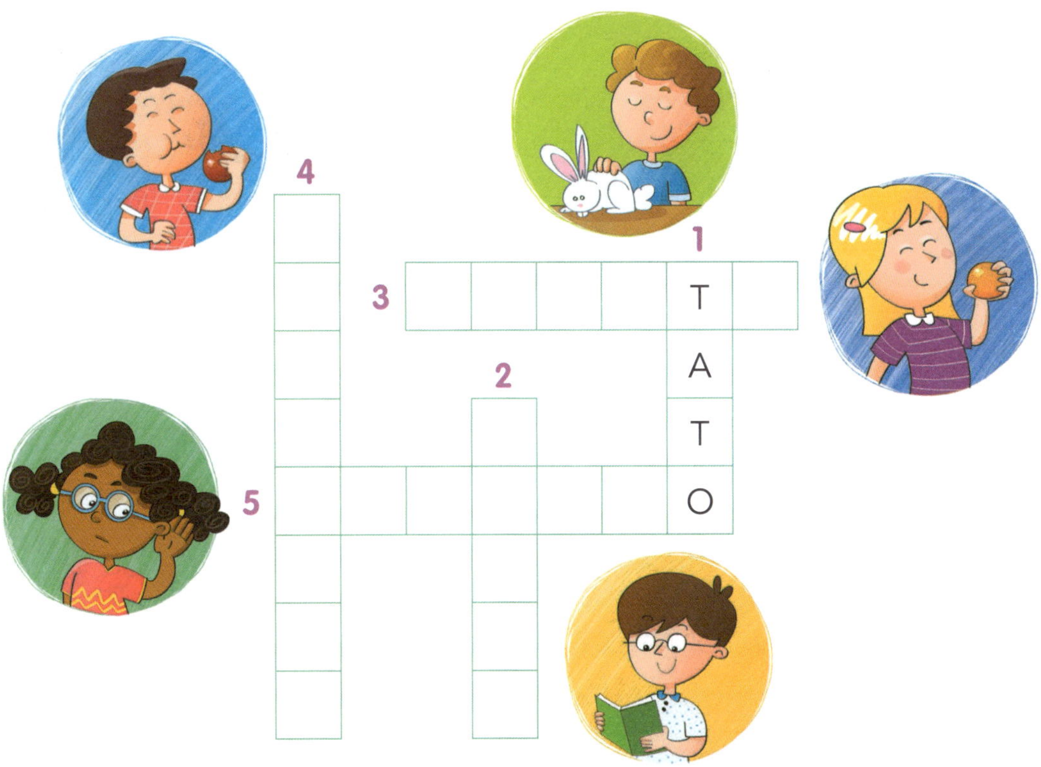

Ilustrações: Mouses Sagiorato/Arquivo da editora

2 IMAGINE QUE VAMOS FAZER UM **DICIONÁRIO DO CORPO HUMANO**. NO CADERNO, ESCREVA UMA DEFINIÇÃO PARA OS TERMOS REFERENTES AOS CINCO SENTIDOS DO NOSSO CORPO: **VISÃO**, **AUDIÇÃO**, **TATO**, **GUSTAÇÃO** E **OLFATO**.

3 FAÇA UMA LEGENDA PARA CADA IMAGEM DESTA PÁGINA. EM SEU TEXTO DESCREVA QUE SENSAÇÕES VOCÊ ASSOCIA AO QUE É MOSTRADO. USE OS TERMOS DO BANCO DE PALAVRAS.

SALGADO	LISO	ÁSPERA	RUGOSO	QUEIMADO	FLORAL

MissNiko/Shutterstock

»

Thinkstock/Getty Images

»

Fernando Favoretto/Criar Imagem

»

Fernando Favoretto/Criar Imagem

»

Turkey Photo/Shutterstock

»

Kuttelvaserova Stuchelova/Shutterstock

»

4 A HISTÓRIA EM QUADRINHOS ABAIXO, SOBRE O TEMA "SENTIDOS", ESTÁ INCOMPLETA. TERMINE AS FRASES DOS QUADRINHOS **1**, **2** E **3**. DEPOIS, CRIE DESENHOS E FRASES PARA OS DOIS ÚLTIMOS QUADRINHOS.

PELA MANHÃ ACORDO COM O SOM DO

______________________________.

Ilustrações: Mouses Sagiorato/Arquivo da editora

COMPARTILHE SUA HISTÓRIA COM OS COLEGAS.

NO CAFÉ DA MANHÃ, SINTO O CHEIRO

DE ______________________________.

SINTO NA BOCA O GOSTO DOCE DA

______________________________.

4

____

____

5

____

____

SEU CORPO, SEUS SENTIDOS

VAMOS APRENDER A CUIDAR DE NOSSA PELE E DE OUTRAS ESTRUTURAS DO CORPO RELACIONADAS AOS SENTIDOS.

VOCÊ SABE COMO CUIDAR DAS ESTRUTURAS DO CORPO RELACIONADAS AOS SENTIDOS? COMPLETE CADA LACUNA DO TEXTO COM O NOME DE UMA ESTRUTURA DO SEU CORPO.

A ________________ É A ESTRUTURA DO CORPO RELACIONADA AO TATO. DEVEMOS TER ALGUNS CUIDADOS COM ELA, COMO EVITAR TOMAR SOL SEM PROTETOR SOLAR, PRINCIPALMENTE NO PERÍODO DAS 10 HORAS DA MANHÃ ÀS 4 HORAS DA TARDE. PARA PROTEGER A PELE DO ROSTO, PODEMOS TAMBÉM USAR CHAPÉU OU BONÉ.

O ________________ É A ESTRUTURA RELACIONADA AO OLFATO. ELE PODE ACUMULAR SECREÇÕES. POR ISSO, DEVE SER FREQUENTEMENTE LAVADO COM ÁGUA OU SORO FISIOLÓGICO E, EM SEGUIDA, ASSOADO. PROCURE LAVAR CADA NARINA SEPARADAMENTE.

OS ________________ SÃO ESTRUTURAS RELACIONADAS À VISÃO. ALGUMA VEZ VOCÊ JÁ SENTIU QUE ESTAVA DIFÍCIL ABRI-LOS DE MANHÃ? É IMPORTANTE LAVÁ-LOS COM ÁGUA OU SORO FISIOLÓGICO, PRINCIPALMENTE AO ACORDAR, QUANDO PODE HAVER ACÚMULO DE SECREÇÃO.

A ________________ É A ESTRUTURA RELACIONADA À GUSTAÇÃO. DEVEMOS TER CUIDADO AO INGERIR ALIMENTOS QUENTES PARA NÃO MACHUCÁ-LA. TAMBÉM É IMPORTANTE ESCOVÁ-LA TODOS OS DIAS.

AS ________________ SÃO RELACIONADAS À AUDIÇÃO. SUA PARTE EXTERNA PODE SER LIMPA COM UMA TOALHA MACIA OU ALGODÃO.

ATENÇÃO !

PARA NÃO SE MACHUCAR, NUNCA CUTUQUE O INTERIOR DAS ORELHAS E DO NARIZ COM OBJETOS PONTIAGUDOS.

Mouses Sagiorato/Arquivo da editora

1 O CARTAZ DO POSTO DE SAÚDE PRECISA SER TERMINADO. COMPLETE-O COM TEXTOS, EXPLICANDO OS CUIDADOS A SEREM TOMADOS COM DIFERENTES ESTRUTURAS DO CORPO.

CUIDADOS COM **OLHOS, ORELHAS** E **NARIZ**!

OLHOS

Fernando Favoretto/Criar Imagem

____

____

____

ORELHAS

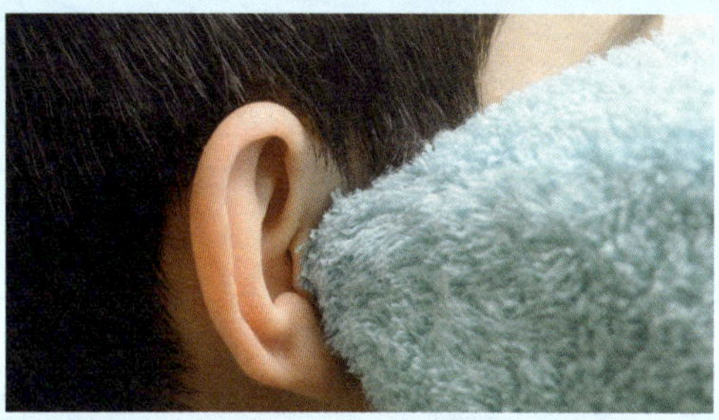

Fernando Favoretto/Criar Imagem

____

____

____

NARIZ

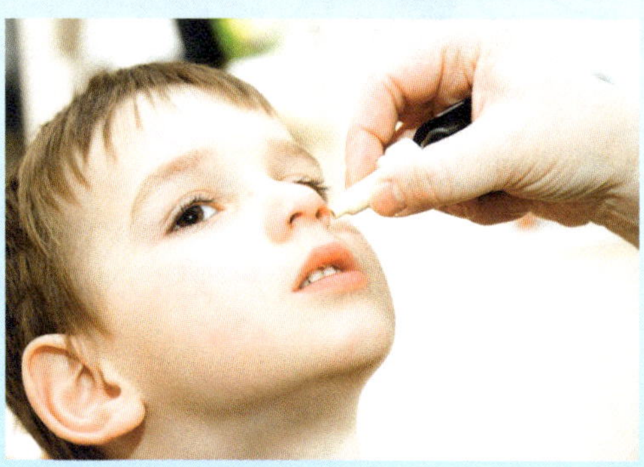

Beneda Miroslav/Shutterstock

Bikeriderlondon/Shutterstock

____

____

____

2 LEIA ESTA HISTÓRIA EM QUADRINHOS.

Hagaquezart Estúdio/Arquivo da editora

3 TROQUE IDEIAS COM OS COLEGAS E RESPONDA:

A) O QUE COMEÇOU A ACONTECER COM A PELE DO PERSONAGEM?

____

____

B) O QUE ELE HAVIA SE ESQUECIDO DE FAZER?

____

____

4 TROQUE IDEIAS COM OS COLEGAS: COM QUAL DAS CRIANÇAS VOCÊ CONCORDA? EXPLIQUE SUA RESPOSTA.

Mouses Sagiorato/Arquivo da editora

5 AGORA, FAÇA UMA INVESTIGAÇÃO PARA VERIFICAR ESSAS IDEIAS.

- AMARRE, SEM APERTAR, UMA FITA DE PANO EM UM SÓ PULSO E DEIXE-A ASSIM POR DUAS SEMANAS.
- APÓS RETIRAR A FITA, OBSERVE O QUE ACONTECEU.
- DESCREVA O QUE ACONTECEU COM A PELE, FAZENDO UM DESENHO COLORIDO DE COMO FICOU O SEU PULSO.

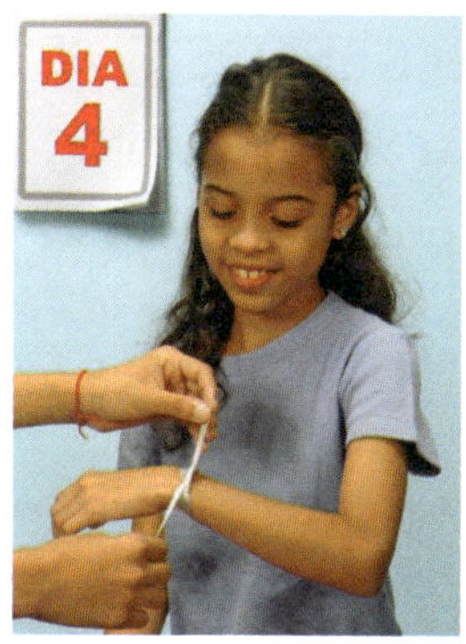

AMARRE UMA FITA NO PULSO.

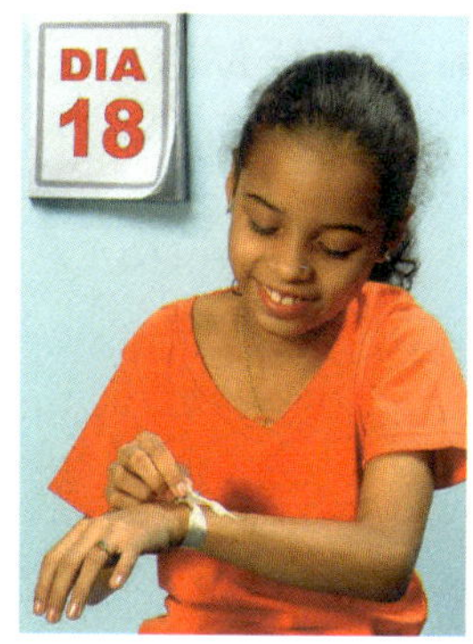

RETIRE A FITA E OBSERVE O QUE ACONTECEU.

Fotos: Eduardo Santaliestra/Arquivo da editora

CONVERSE COM SEUS FAMILIARES SOBRE ESTA ATIVIDADE.

DESENHE TAMBÉM O SEU PULSO QUE FICOU SEM A FITA.

6 FINALMENTE, REAVALIE AS FALAS DAS DUAS CRIANÇAS APRESENTADAS NO COMEÇO DESTA PÁGINA: VOCÊ MUDOU DE OPINIÃO OU NÃO?

VAMOS VER DE NOVO?

NESTE CAPÍTULO VOCÊ APRENDEU QUE:

- TEMOS DIFERENTES SENTIDOS: TATO, OLFATO, GUSTAÇÃO, VISÃO E AUDIÇÃO.
- ESSES SENTIDOS PODEM SER RELACIONADOS A DIFERENTES ESTRUTURAS DO CORPO HUMANO: PELE, NARIZ, LÍNGUA, OLHOS E ORELHAS.
- DEVEMOS TOMAR CERTOS CUIDADOS COM AS ESTRUTURAS DO CORPO RELACIONADAS AOS SENTIDOS. POR EXEMPLO, PARA CUIDAR DA PELE DEVEMOS PASSAR PROTETOR SOLAR.

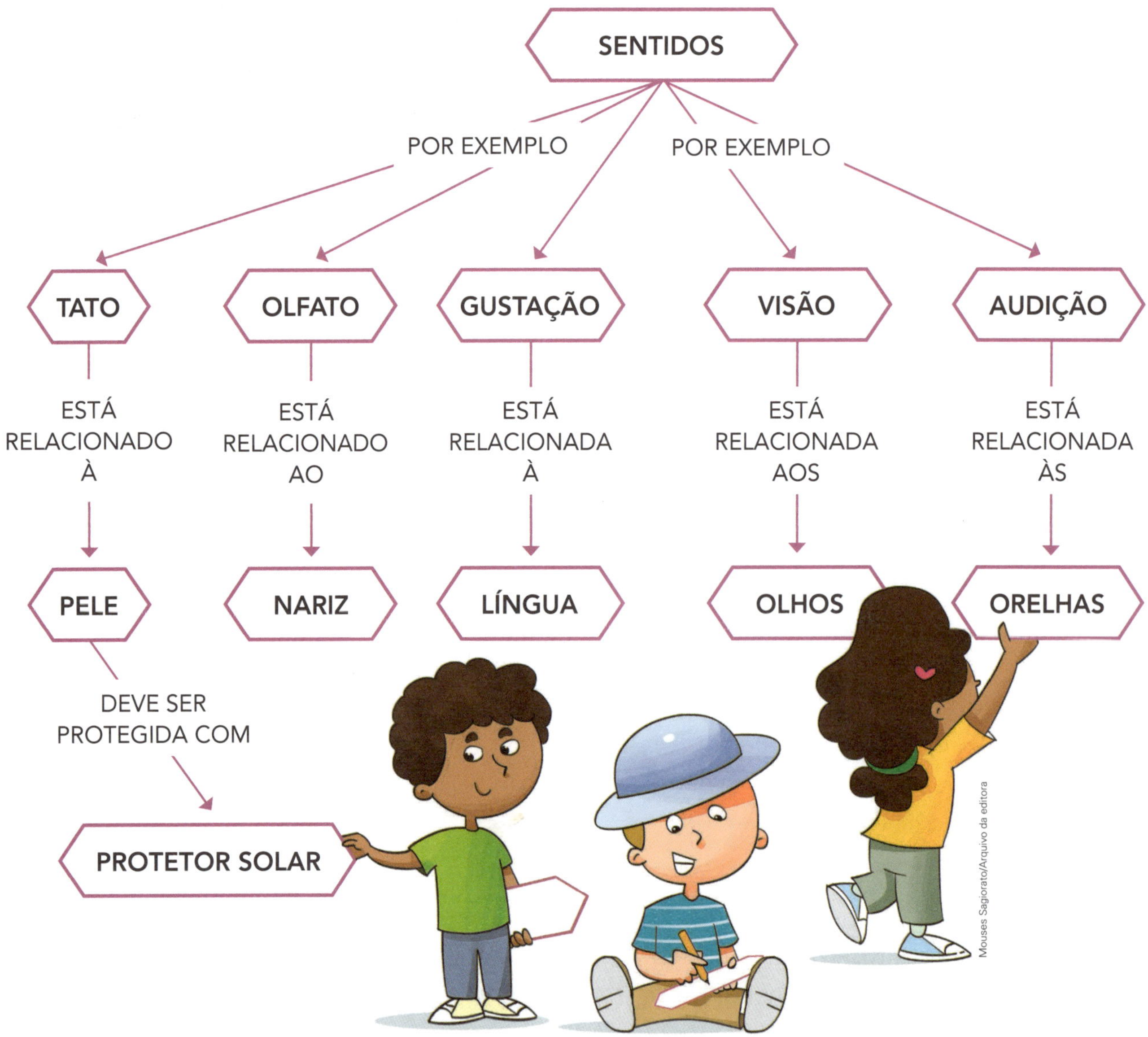

Mouses Sagiorato/Arquivo da editora

1 COM BASE NO QUE VOCÊ ESTUDOU NESTE CAPÍTULO, TROQUE IDEIAS COM OS COLEGAS E EXPLIQUE: DE QUAL CRIANÇA VOCÊ DISCORDA? COM QUAL CRIANÇA VOCÊ CONCORDA?

2 COMO PROTEGER SUA PELE DA EXPOSIÇÃO À LUZ DO SOL?

3 ANALISE A IMAGEM ABAIXO.

Ilustrações: Mouses Sagiorato/Arquivo da editora

A) COMO OS SENTIDOS ESTÃO SENDO ACIONADOS PELAS PESSOAS?

B) QUE CUIDADOS ESTÃO SENDO TOMADOS COM AS ESTRUTURAS DO CORPO RELACIONADAS AOS SENTIDOS?

TECENDO SABERES

1 ACOMPANHE COM O PROFESSOR A LEITURA DO TEXTO ABAIXO E OBSERVE COM ATENÇÃO A ILUSTRAÇÃO. DEPOIS, RESPONDA ÀS QUESTÕES A SEGUIR.

ANTIGAMENTE EU TINHA UM NOME TÃO BONITO
ANTIGAMENTE ELA ERA MINHA MÃE
ANTIGAMENTE EU ERA A FILHA MAIS QUERIDA
ANTIGAMENTE EU VIVIA DE VERDADE
AGORA ESTOU AQUI TÃO SÓ
COBERTA PELO PÓ
[...]

MAS QUE BOBINHA, BONECA DE ESTIMAÇÃO
VOCÊ VAI MORAR SEMPRE DENTRO DO MEU CORAÇÃO
VOCÊ É PRA MIM BEM MAIS QUE UM BRINQUEDO
VOCÊ É QUEM SABE TODOS OS MEUS SEGREDOS

MESMO QUE EU NUNCA BRINQUE CONTIGO
COMO ALGUNS ANOS ATRÁS
ATÉ QUE EU TENTO, MAS JÁ NÃO CONSIGO
POIS ME DISTRAIO DEMAIS

É QUE EU CRESCI
NÃO SEI POR QUÊ
NÃO VOU FINGIR
VOCÊ TEM QUE ENTENDER
[...]

Hagaquezart Estúdio/Arquivo da editora

ADAPTADO DE: "ANTIGAMENTE" E "TENTE ENTENDER". SANDRA PERES E ZÉ TATIT. EM: CD **CANÇÕES CURIOSAS**. SÃO PAULO: PALAVRA CANTADA/MCD WORLD MUSIC, 2000.

2 CONVERSE COM OS COLEGAS E RESPONDA:

A) QUEM É A PERSONAGEM QUE ESTÁ FALANDO NA PRIMEIRA PARTE DO TEXTO?

B) QUEM É A PERSONAGEM QUE ESTÁ FALANDO NAS DEMAIS PARTES DO TEXTO?

C) VOCÊ SE LEMBRA DE ALGUM BRINQUEDO DE QUE GOSTAVA MUITO, MAS PARA O QUAL AGORA JÁ NÃO DÁ TANTA IMPORTÂNCIA?

3 O TEXTO UTILIZA VÁRIAS PALAVRAS QUE EXPRESSAM IDEIA DE TEMPO. ENCONTRE-AS NO DIAGRAMA DE LETRAS A SEGUIR.

A	W	Q	T	E	R	U	I	O	P	A	S	K	S	D	F	G	H
S	E	M	A	L	K	A	N	T	I	G	A	M	E	N	T	E	J
D	R	Z	I	S	O	G	N	B	V	C	T	H	M	Z	A	S	D
T	Z	N	U	C	I	O	Z	P	A	X	R	T	P	J	H	G	F
Y	E	V	A	Q	T	R	Y	O	G	J	Á	G	R	A	K	L	P
U	A	N	U	N	C	A	C	N	M	L	S	P	E	I	U	I	O

4 TRANSCREVA ABAIXO AS PALAVRAS ENCONTRADAS NO DIAGRAMA DE LETRAS. CADA QUADRINHO REPRESENTA UMA LETRA. EM SEGUIDA, INDIQUE QUANTAS LETRAS HÁ EM CADA PALAVRA.

A	N	T	I	G	A	M	E	N	T	E	11 LETRAS

O QUE ESTUDAMOS

NESTA UNIDADE VOCÊ VIU QUE:

- MUDAMOS COM O PASSAR DO TEMPO E QUE DEVEMOS CUIDAR DE NÓS MESMOS.
- DEVEMOS PREVENIR ACIDENTES, TER HÁBITOS SAUDÁVEIS, MANTER A CARTEIRA DE VACINAÇÃO EM DIA, ETC. PARA CUIDAR DA NOSSA SAÚDE E DO NOSSO BEM-ESTAR.
- ESTRUTURAS DO NOSSO CORPO SE RELACIONAM À PERCEPÇÃO DO MUNDO ATRAVÉS DOS SENTIDOS.

OBSERVE AS IMAGENS A SEGUIR E RELEMBRE O QUE ESTUDOU. DEPOIS, CONVERSE COM OS COLEGAS E COM O PROFESSOR SOBRE O QUE VOCÊ APRENDEU NESTA UNIDADE QUE ANTES NÃO SABIA.

REGISTRE SUAS IDEIAS NO CADERNO.

VOCÊ...

Mark Janus/Shutterstock

... ESTUDOU OS DENTES E COMPREENDEU A IMPORTÂNCIA DE MANTÊ-LOS SEMPRE LIMPOS.

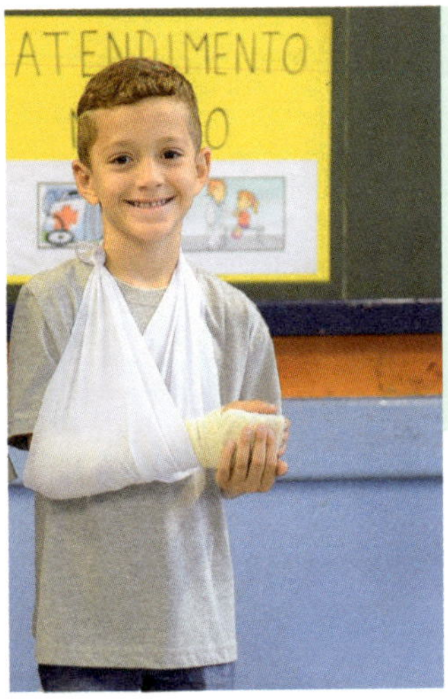

Fernando Favoretto/Criar Imagem

... ENTENDEU QUE, FICANDO MAIS VELHO, VOCÊ SE TORNA MAIS RESPONSÁVEL PELOS HÁBITOS QUE CONTRIBUEM PARA O SEU BEM-ESTAR.

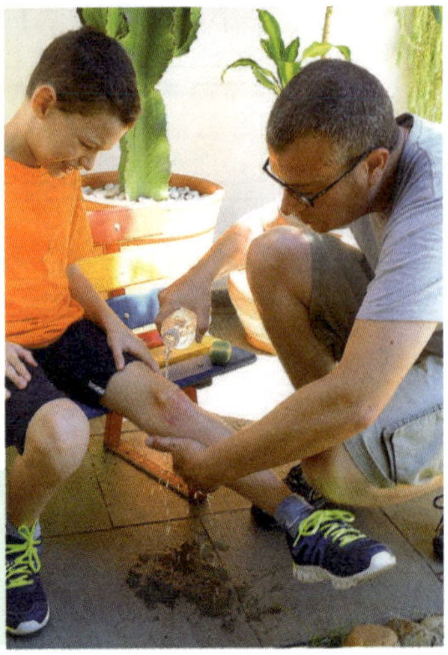

Fernando Favoretto/Criar Imagem

... APRENDEU A CUIDAR DOS MACHUCADOS.

Mouses Sagiorato/Arquivo da editora

... COMPREENDEU QUE A VACINAÇÃO É UMA MANEIRA DE PREVENIR ALGUMAS DOENÇAS.

... CONHECEU OS SENTIDOS DO CORPO HUMANO E ALGUMAS ESTRUTURAS DO NOSSO CORPO QUE NOS POSSIBILITAM PERCEBER O MUNDO AO NOSSO REDOR.

MissNiko/Shutterstock

Hagaquezart Estúdio/Arquivo da editora

... APRENDEU QUAIS CUIDADOS TOMAR COM A PELE E OUTRAS ESTRUTURAS DO CORPO RELACIONADAS AOS SENTIDOS.

FOLHEIE AS PÁGINAS ANTERIORES E REFLITA SOBRE VALORES, ATITUDES E O QUE VOCÊ SENTIU E APRENDEU NESTA UNIDADE.

- DE AGORA EM DIANTE, COMO VOCÊ VAI CUIDAR DOS SEUS DENTES?
- E O QUE VOCÊ PRETENDE FAZER, NO SEU DIA A DIA, PARA EVITAR SE MACHUCAR?
- O QUE VOCÊ JÁ PODE FAZER PARA CUIDAR DE SUA SAÚDE SEM QUE SEUS PAIS TENHAM DE FICAR LEMBRANDO VOCÊ A TODO MOMENTO?

Unidade 3

O dia, a noite e o tempo

Kami Queiroz/Arquivo da editora

- Nesta imagem, o que é visível no céu?
- Quais seres da imagem são mais ativos durante o dia? E quais são mais ativos durante a noite?
- Como está o tempo? Alguma das crianças sente frio?

Capítulo 7

Observando o dia e a noite

Giz de Cera/Arquivo da editora

Você já observou o céu atentamente?

Neste capítulo vamos observar o céu de dia e de noite. O que será que vamos encontrar?

Para iniciar

- O que podemos ver no céu de dia? E de noite? Converse com os colegas e registre suas respostas no caderno, utilizando o banco de palavras abaixo.

Sol	Lua	estrelas	nuvens

- Você já reparou no formato das nuvens? Como elas são?
- Que estrelas e conjuntos de estrelas você conhece?

Atividade prática

Vamos observar o céu noturno?

Como fazer

1. Com os colegas e com um adulto, vá a um local com pouca iluminação para observar o céu noturno.

Ilustrações: Giz de Cera/Arquivo da editora

2. Comecem a fazer as observações celestes. Procurem as estrelas mais brilhantes e fiquem atentos às estrelas cadentes.

3. Depois, foquem a atenção em um trecho do céu.

4. Procurem representar e indicar com setas tudo o que vocês forem capazes de observar nesse trecho do céu.

Observar e descrever o céu

Vamos estudar o aspecto do céu de dia e de noite.

O que podemos ver no céu em diferentes horas do dia?

Para nos ajudar a responder a essas questões, vamos conversar com um astrônomo. Veja o que ele tem a nos dizer.

Com a palavra...

Reprodução/Acervo do autor

Antônio Mário Magalhães é astrônomo da Universidade de São Paulo (USP).

O que podemos ver no céu durante o dia?

Podemos ver o Sol, as nuvens e, em certas épocas do mês, também a Lua. Podemos ainda observar alguns planetas e as estrelas mais brilhantes no céu. Ao observar o céu durante o dia é importante NÃO olhar diretamente para o Sol, pois isso prejudica os olhos!

E à noite, o que vemos no céu?

Dependendo da época do mês, podemos ver a Lua. Como a Lua brilha iluminada pelo Sol, podemos vê-la à noite até mesmo através de algumas nuvens. Quando não há nuvens no céu, é possível identificar também alguns planetas e as estrelas.

Atenção !

Nunca olhe diretamente para o Sol, pois isso pode causar cegueira irreversível.

A Lua e o Sol podem aparecer no céu ao mesmo tempo?

Sim. Em alguns períodos do mês é mais fácil ver a Lua e o Sol ao mesmo tempo e em partes diferentes do céu.

Giz de Cera/Arquivo da editora

1 Leia com o professor a história em quadrinhos abaixo, que mostra algumas crianças observando o céu à noite. Complete os balões de fala, dê um título para a história e pinte o último quadrinho.

Ilustrações: Hagaquezart Estúdio/Arquivo da editora

2 Observe os desenhos que duas crianças fizeram do dia e da noite. Embaixo de cada desenho escreva uma legenda, explicando o que foi representado.

3 Agora, com a ajuda do professor, leia as legendas abaixo. Depois, faça um desenho para cada uma delas.

› No céu não havia nuvens e era possível ver a Lua. O Sol também estava visível.

› Essa era uma noite de lua cheia. Havia poucas nuvens e o céu estava estrelado.

4 Crie frases para descrever cada um dos desenhos a seguir. Em suas frases, procure usar as palavras **Sol**, **Lua**, **estrelas** e **nuvens**.

Não se esqueça de descrever como são as nuvens. Elas são todas iguais?

Minha descrição:

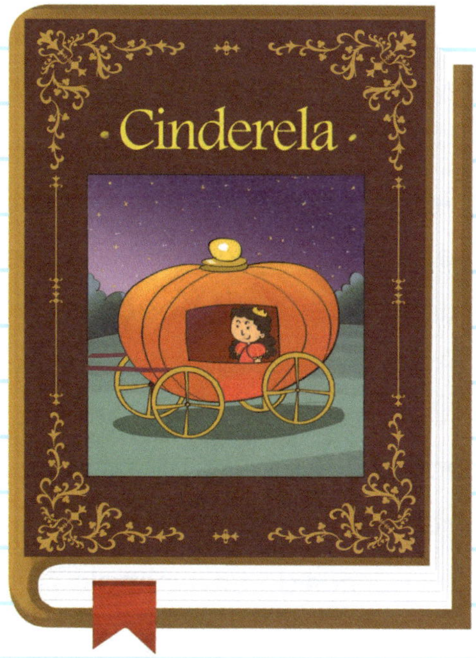

Ilustrações: Mouses Sagiorato/Arquivo da editora
Molduras: Lainspiratriz/Shutterstock

Minha descrição:

Nuvens e Sol

Vamos estudar o aspecto das nuvens e a posição do Sol no céu.

Você já parou para observar o céu?

As nuvens estão constantemente mudando de posição e formato. A Lua pode aparecer com um aspecto diferente ou, às vezes, nem mesmo aparecer no céu. E quanto ao Sol, você já reparou que em diferentes horários e épocas do ano podemos vê-lo em posições diferentes no céu?

A observação do céu sempre nos surpreende!

Mas, se você for bem atento, poderá reconhecer alguns "padrões". Observe, por exemplo, que existem três tipos básicos de nuvem:

- As nuvens do tipo **cúmulo** se parecem com flocos de algodão.
- As nuvens do tipo **cirro** se parecem com fios de cabelo ou fiapos.

- As nuvens do tipo **estrato** se parecem com camadas de espuma.

Outro exemplo, diariamente o Sol nasce de um lado do céu (lado leste) e se põe do lado oposto (lado oeste). Conforme as horas passam, a alteração da posição do Sol no céu fica evidente pela observação do tamanho e da posição das sombras projetadas devido à iluminação solar.

Preste atenção nisso: você já reparou que no começo do dia e no final da tarde, quando o Sol está "mais baixo" no céu, as sombras são mais alongadas? E você já viu que, próximo ao meio-dia, sua sombra é pequena?

Mouses Sagiorato/arquivo da editora

1 Identifique e descreva cada tipo de nuvem representado nas imagens abaixo. Cite o nome do tipo de nuvem e use as opções do banco de palavras para descrevê-las.

Parecem flocos de algodão.	Parecem camadas de espuma.	Parecem fios de cabelo ou fiapos.

Pakhnyushchy/Shutterstock

Thinkstock/Getty Images

Siro46/Shutterstock

Sugestões de...

Livros

A lenda do dia e da noite. Rui de Oliveira. São Paulo: FTD, 2015.

De papo com a noite. João Anzanello Carrascoza. São Paulo: Scipione, 2010.

Dia e noite. Mary e Eliardo França. São Paulo: Ática, 2015.

O céu das crianças: dez histórias de meninos e estrelas. Paulo Freire. São Paulo: Companhia das Letrinhas, 2008.

Filme

Lenda do dia e da noite: A longa viagem ao desconhecido. Direção: Rui de Oliveira. 15 min. 1999.

2 Analise as imagens da sombra de uma árvore observada pelas crianças em diferentes horários do dia, nesta página e na próxima. Depois, troque ideias com os colegas e faça o que se pede.

Ilustrações: Hagaquezart Estúdio/Arquivo da editora

a) Represente as sombras que não foram desenhadas: a das 7 h 30 e a das 13 h 30. Atenção ao seu provável tamanho e localização!

b) No caderno, esclareça a dúvida das crianças que aparecem na página anterior.

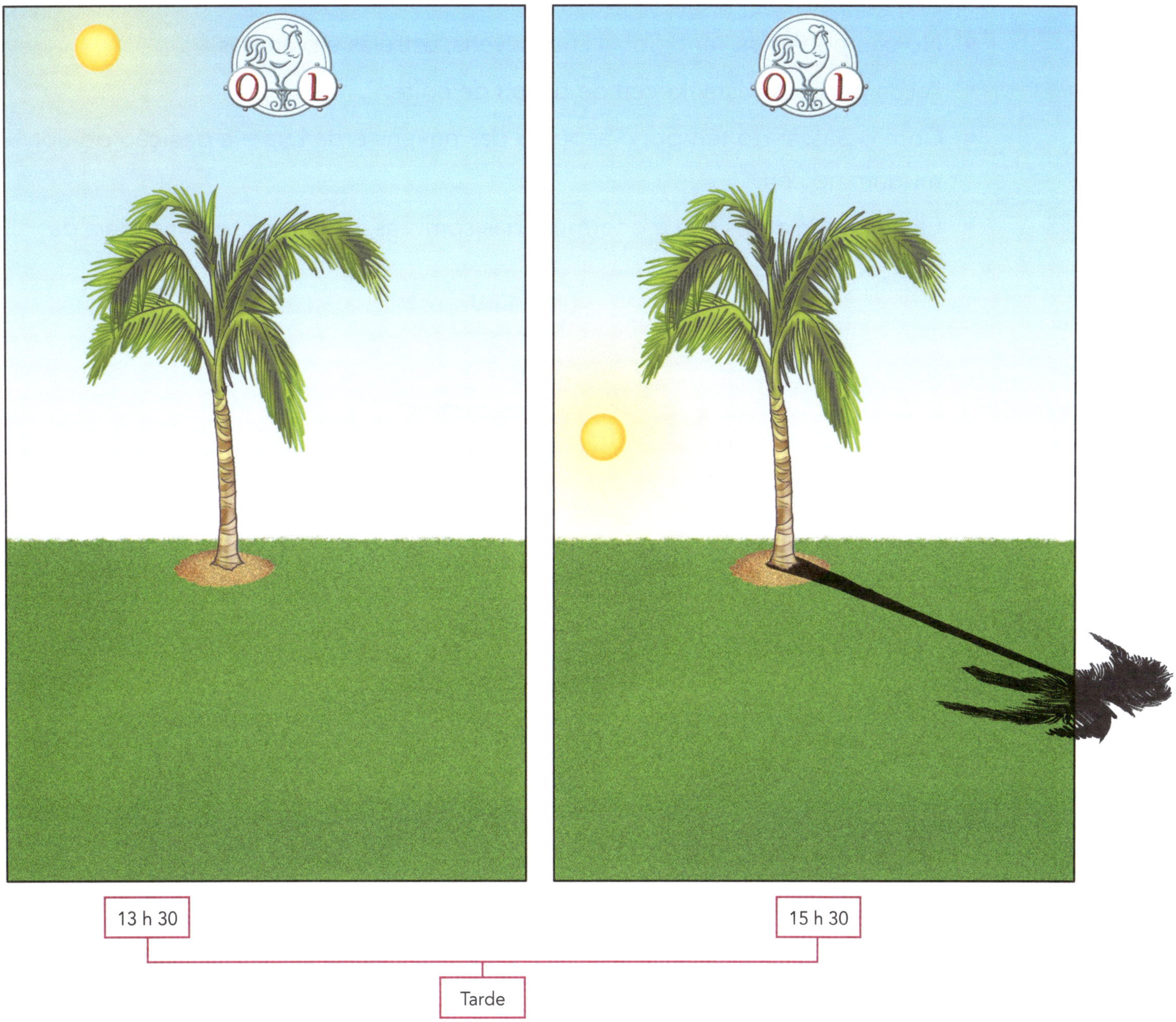

Desafio

3 No caderno, faça um desenho parecido com as ilustrações, indicando a provável posição da sombra da árvore às 12 h.

VAMOS VER DE NOVO?

Neste capítulo você aprendeu que:

- No céu podemos ver o Sol, a Lua, nuvens, estrelas e planetas.
- A Lua pode ser vista no céu de dia ou de noite.
- Com o passar do tempo, o aspecto das nuvens e da Lua e a posição do Sol mudam no céu.
- Observando a posição e o formato das sombras, podemos ter uma ideia da posição do Sol no céu.

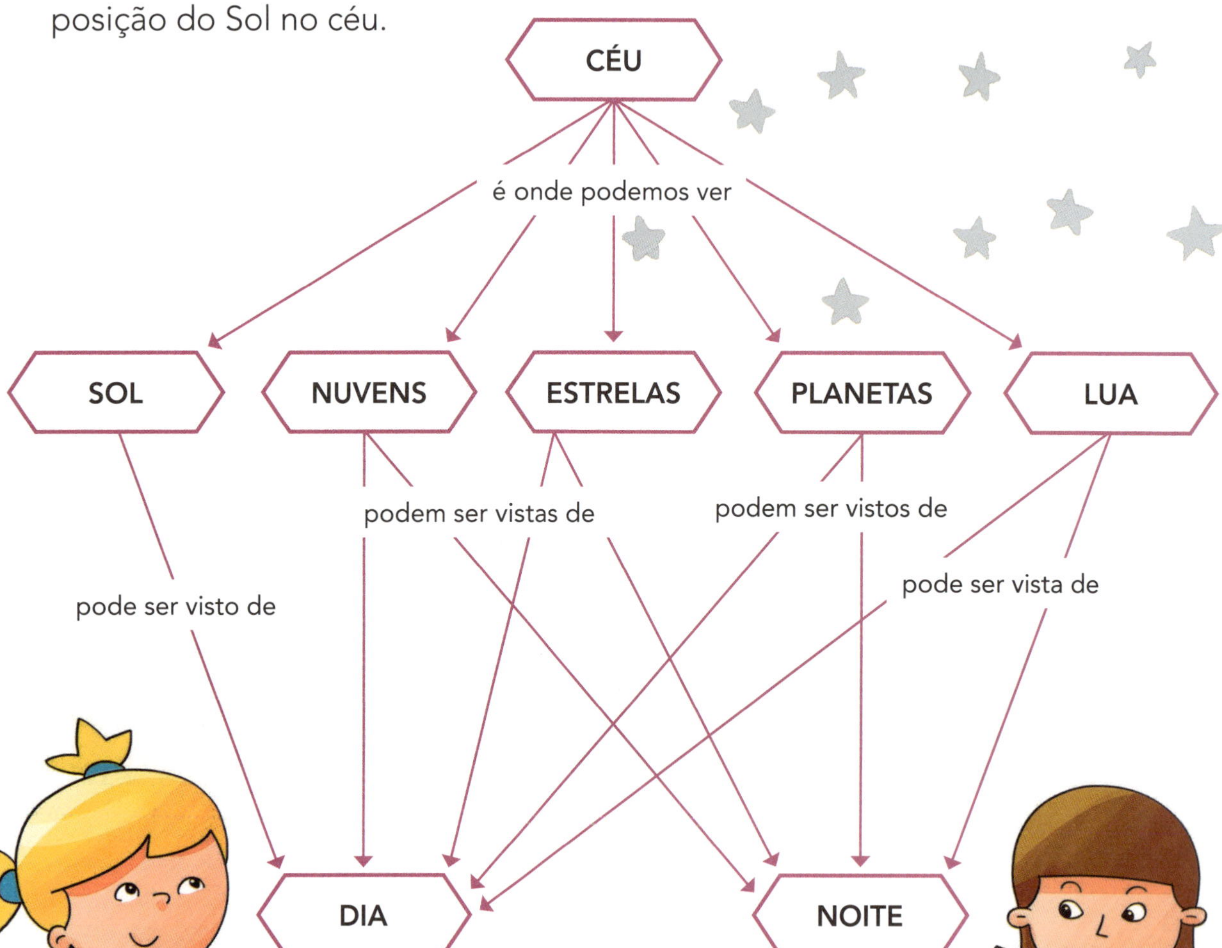

Estrelas: Giz de Cera/Arquivo da editora

Ilustrações: Mouses Sagiorato/Arquivo da editora

1 Depois de ter visto imagens e descrições do dia e da noite, complete a tabela abaixo com base no que você estudou. Finalmente, compare-a com as respostas que você deu às questões da página 100.

As respostas que você apresentou na página 100 foram diferentes? O que você aprendeu?

	Sol	Lua	Estrelas	Nuvens
Vemos de dia				
Vemos de noite				

2 Encontre, no diagrama, o nome dos três tipos de nuvem que estudamos neste capítulo.

F	T	Z	M	J	U	L	U	G	D	R	B	U	M	C	Z	Y	F	G	H
S	Y	A	Q	A	Z	B	O	X	O	S	D	H	B	Ú	C	J	V	J	I
R	O	A	D	E	C	I	R	R	O	H	V	U	K	M	R	O	P	E	N
B	I	U	O	N	H	E	R	O	Y	N	B	X	O	U	S	H	P	L	C
U	O	X	O	S	D	H	B	T	Y	N	V	F	K	L	K	N	O	E	N
D	N	E	S	T	R	A	T	O	E	B	B	O	X	O	S	D	H	B	U
J	P	K	A	N	L	O	C	Y	N	B	X	O	T	J	D	U	O	E	S

3 Analise as imagens e troque ideias com os colegas. Associe cada imagem com o horário mais provável que ela representa.

Hagaquezart Estúdio/Arquivo da editora

☐ 10 h 30 ☐ 12 h ☐ 17 h

Capítulo 8
Seres do dia e seres da noite

Joel Sartore/National Geographic/Getty Images

Você já viu um morcego de verdade?

Neste capítulo vamos conhecer alguns seres vivos que são mais ativos de dia e alguns que, assim como os morcegos, são mais ativos de noite.

Para iniciar

- Quais seres vivos você conhece que são mais ativos de dia? E durante a noite? Dê alguns exemplos.
- O que você acha que os seres vivos mais ativos durante o dia fazem quando chega a noite? E o que você acha que os seres vivos mais ativos durante a noite fazem quando é dia?

Atividade prática

Vamos observar seres vivos no final do dia e no início da noite?

Como fazer

1. Com os colegas, escolham um lugar para observar seres vivos: pode ser um parque, uma praça, um jardim, etc.

Ilustrações: Giz de Cera/Arquivo da editora

2. Com um adulto, visitem esse lugar entre o finalzinho da tarde e o começo da noite.

3. Anotem, em uma caderneta de campo, o nome dos seres vivos que vocês observarem. Façam desenhos também.

4. Mesmo que vocês não consigam ver um ser vivo, estejam atentos ao som que ele produz. Registrem o nome desse ser vivo na caderneta de campo.

Identificando hábitos dos seres vivos

Vamos conhecer seres vivos de hábitos noturnos e de hábitos diurnos.

Giz de Cera/Arquivo da editora

Quais palavras você pode usar para completar as lacunas deste texto?

Você já viu morcegos e mariposas voando de dia?

É provável que não. É que esses animais procuram comida e alimentam-se preferencialmente à ______________. Eles são considerados seres vivos de hábitos noturnos, porque são mais ativos durante a noite.

Alguns exemplos de seres de hábitos noturnos são a lagartixa, o gato e a mariposa, além de algumas flores, como a dama-da-noite.

Mas, ao contrário dos seres de hábitos noturnos, há seres vivos que são mais ativos durante o ____________. São os seres vivos de hábitos diurnos.

Alguns exemplos de seres de hábitos diurnos são o cachorro, vários tipos de borboleta e o sabiá.

Desafio

1 Complete a cruzadinha com o nome dos seres vivos sublinhados no texto da página anterior. Esteja atento às dicas oferecidas.

Ilustrações: Banco de imagens/Arquivo da editora

Dicas

Hábitos diurnos

Hábitos noturnos

2 Observe estas duas imagens e escreva no caderno uma legenda para cada uma delas. Na sua legenda, procure usar os termos do banco de palavras.

diurno noturno

A

Edison Araújo/Acervo do fotógrafo/Coleção particular.

B

Aldemir Martins/Coleção Marcelo R. Barbosa/Marcus Correa

3 Observe como um artista representou o dia.

Giz de Cera/Arquivo da editora

4 Complete o quadro abaixo com o nome de seres vivos que são mais ativos durante o dia. Comece sua lista com os seres vivos que aparecem na imagem.

Seres vivos mais ativos durante o dia

5 Observe, agora, como esse mesmo artista representou a noite.

Giz de Cera/Arquivo da editora

6 Complete o quadro abaixo com o nome de seres vivos que são mais ativos durante a noite. Comece sua lista com os seres vivos que aparecem na imagem.

Seres vivos mais ativos durante a noite

Diurno ou noturno?

Vamos fazer pesquisas para conhecer outros seres de hábitos noturnos e de hábitos diurnos.

Você costuma ver seres vivos de hábitos noturnos?

Os seres de hábitos noturnos são mais ativos durante a noite, geralmente quando estamos dormindo. Por isso, não os vemos frequentemente. Muitos seres noturnos são até mesmo desconhecidos por nós.

Esta é uma boa oportunidade para a imaginação criativa! Na literatura de ficção é à noite que encontramos a mula sem cabeça, o boitatá, lobisomens, sacis, etc. Enfim, toda sorte de seres que sonhamos que poderiam estar perambulando por aí enquanto estamos na cama, dormindo.

Mas os seres de hábitos noturnos não têm nada de macabro! Para saber mais sobre os seres noturnos e os seres vivos em geral, podemos pesquisar em livros, revistas, na internet, etc. Ou seja, na literatura de não ficção podemos encontrar informações sobre seres vivos que são de verdade mesmo!

Giz de Cera/Arquivo da editora

fantasmagórico: fruto da imaginação, assustador, que dá medo.

Os seres vivos "de verdade" podem não ter nada de **fantasmagórico**, mas bem que guardam segredos a serem desvendados: flores que se abrem somente à noite, lebres e tatus que saem de suas tocas, lagartixas que sobem pelas paredes...

Que tal despertar?! Faça pesquisas e conheça mais sobre alguns seres vivos diurnos e noturnos!

1 Veja abaixo uma pesquisa que um aluno fez sobre um ser noturno. Em seguida, faça você mesmo uma pesquisa sobre um ser vivo e preencha a ficha, contando o que você descobriu. Crie uma pergunta-tema para sua pesquisa.

Compartilhe sua pesquisa com os colegas.

Eduardo Bastos/Acervo do fotógrafo

Pergunta-tema: Como é que um morcego pode voar à noite, quando tudo é tão escuro?

O que descobri: Os morcegos "enxergam" relativamente bem no escuro. Mas não é a visão o sentido mais importante que utilizam para se orientar à noite. Eles emitem sons que retornam para eles como um eco. Por meio dessa **ecolocalização**, eles percebem o seu entorno e se orientam no escuro.

4zevar/Shutterstock

Giz de Cera/Arquivo da editora

Use o espaço disponível para colar uma imagem ou desenhar o ser vivo pesquisado.

4zevar/Shutterstock

Pergunta-tema: ______________________________

______________________________?

O que descobri: ______________________________

______________________________.

Giz de Cera/Arquivo da editora

Assim também aprendo

2 Siga as instruções abaixo para jogar com o **Baralho dos seres vivos diurnos e noturnos**.

Como jogar

1. Com os colegas, faça fichas de pesquisa de diferentes seres vivos de hábitos noturnos e de hábitos diurnos. Elas serão as cartas do seu baralho. Veja os modelos abaixo.
2. Na sua vez de jogar, peça a um colega que sorteie uma carta do baralho dos seres vivos.

3. Seu colega deve ler a carta, mas sem dizer o nome do ser vivo pesquisado. Ao final, ele pergunta para você: "Sobre qual ser vivo eu falei?".
4. Se você acertar, avançará duas casas no tabuleiro (use grãos de feijão ou de milho como marcadores). Se errar, deverá manter-se na mesma posição.
5. Quem alcançar primeiro a linha de chegada ganhará o jogo!

Giz de Cera/Arquivo da editora

VAMOS VER DE NOVO?

Neste capítulo você aprendeu que:

- Alguns seres vivos têm hábitos noturnos, outros têm hábitos diurnos.
- Alguns exemplos de seres vivos de hábitos noturnos são: corujas, mariposas, damas-da-noite, gatos e lagartixas.
- Alguns exemplos de seres vivos de hábitos diurnos são: cachorros, vacas, borboletas e bem-te-vis.

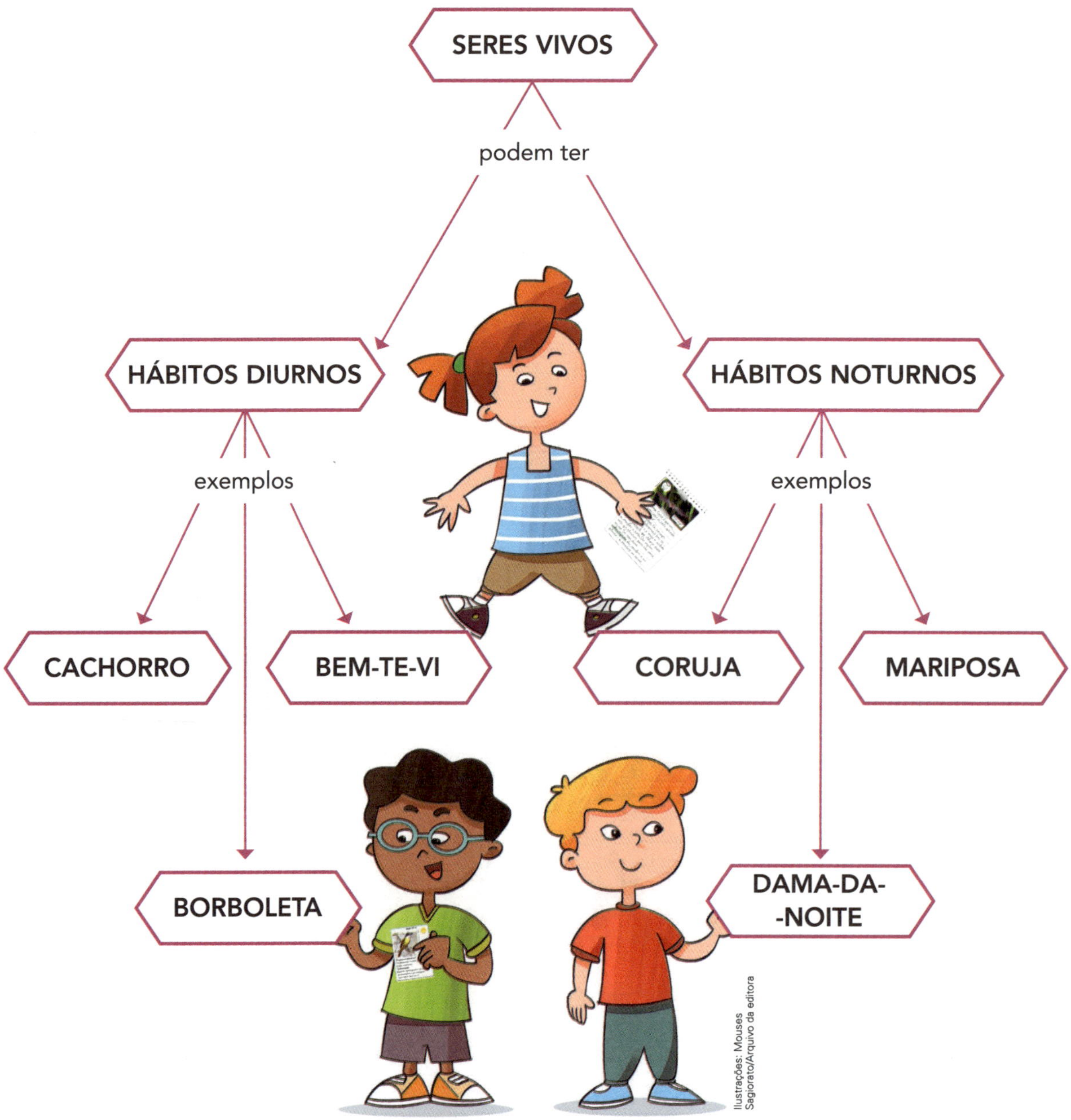

Ilustrações: Mouses Sagiorato/Arquivo da editora

1 Com base no que você estudou, escreva para a **Enciclopédia digital das crianças**. Explique cada um dos termos abaixo. Dê exemplos para complementar sua explicação.

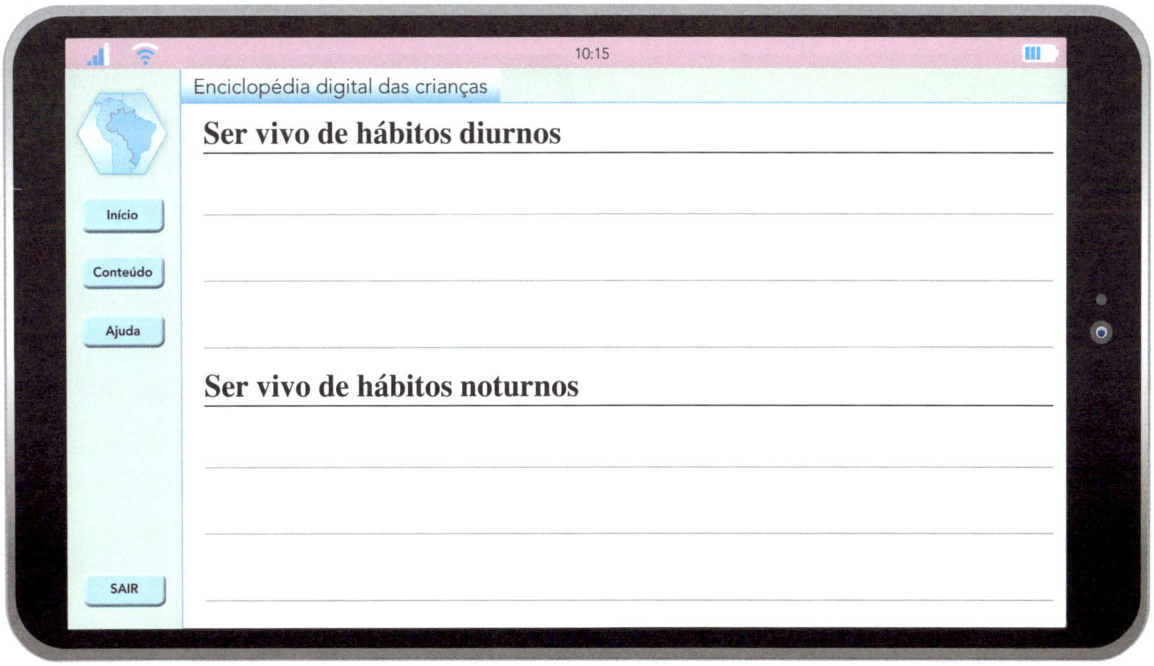

Banco de imagem/Arquivo da editora

enciclopédia: conjunto ordenado de textos que descrevem os conhecimentos humanos sobre diversos assuntos.

2 Veja a tirinha a seguir, que faz uma brincadeira com os galos. Depois, dê um título para a história usando pelo menos um dos termos: **diurno** ou **noturno**.

De acordo com a história, o galo é um ser vivo mais ativo durante o dia ou durante a noite?

Hagaquezart Estúdio/Arquivo da editora

3 **MURAL DA TURMA** Agora, pense em um ser vivo de sua escolha. Depois, em uma folha avulsa, faça uma história em quadrinhos baseada nos hábitos dele. Mostre se esse ser vivo é mais ativo durante o dia ou durante a noite.

Capítulo 9

Como estará o tempo?

George jmclittle/Shutterstock

Será que vai chover?

Neste capítulo vamos estudar as condições do tempo. Também vamos ler uma entrevista com um meteorologista e analisar boletins meteorológicos.

Para iniciar

- Como podemos saber se vai ou não vai chover?
- Você costuma prestar atenção nos boletins meteorológicos da internet, do rádio, da TV ou dos jornais? Você sabe o que eles nos informam?
- O que você sabe sobre o trabalho dos meteorologistas?

Atividade prática

Vamos brincar de previsão do tempo na TV?

Como fazer

1. Com um grupo de colegas, façam desenhos bem grandes que mostrem como estará o céu e o tempo durante o dia e durante a noite.

2. Criem o texto que informa como está o tempo e o que está previsto. Escrevam esse texto com letras bem grandes.

3. Montem o cenário da gravação: o apresentador se posiciona; alguns alunos seguram o texto na frente do apresentador para que ele leia; outros seguram os desenhos que o apresentador mostrará.

Ilustrações: Giz de Cera/Arquivo da editora

4. É hora da apresentação! O apresentador lê o texto da previsão do tempo que os colegas estão segurando. Enquanto fala, os desenhos que foram feitos vão sendo mostrados.

O tempo anunciado

Vamos analisar o que os boletins meteorológicos informam.

Você sabe quais são as condições do tempo?

Quando falamos sobre o tempo, costumamos usar expressões como: "faz calor", "está abafado", "faz frio", entre outras.

Mas os boletins meteorológicos informam a condição do tempo de forma mais precisa. Para isso, eles relatam, entre outros aspectos, qual é a temperatura em dado momento, qual é a quantidade de chuva que cai, etc.

Os boletins meteorológicos também podem informar a previsão do tempo, ou seja, como ficará o tempo no futuro. Por exemplo, é muito comum, no final do dia, os boletins meteorológicos informarem quais serão as temperaturas máxima e mínima previstas para o dia seguinte. Isso nos ajuda, por exemplo, a escolher com que roupa sair de casa.

Giz de Cera/Arquivo da editora

1 Com a ajuda do professor, leia esta tirinha.

2 Troque ideias com os colegas e responda: O que é representado no primeiro quadrinho, que indica que o tempo "está tão bonito"? E, no segundo quadrinho, o que indica tempo "ruim"?

3 Desenhe o que você estava fazendo ontem, em dois momentos diferentes. Represente como estava o tempo. Escreva uma legenda para cada um dos seus desenhos.

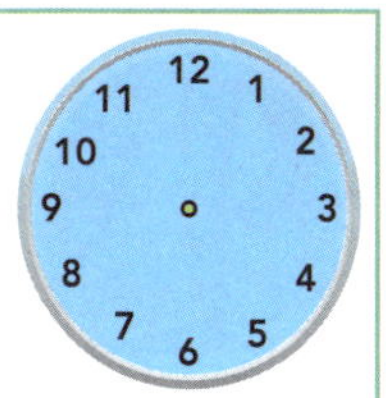

Indique em cada relógio o horário do dia em que ocorreu a cena que você desenhou.

4 **MURAL DA TURMA** Em uma folha avulsa, faça um desenho para ilustrar as seguintes condições de tempo: frio, céu encoberto e brisa suave.

Compartilhe seu desenho com os colegas.

5 Nesta página e na seguinte, acompanhe os boletins meteorológicos anunciados durante o dia de Juliana.

Ilustrações: Giz de Cera/Arquivo da editora

6 Complete a tabela com as informações sobre o tempo do dia de Juliana.

Horário	Como estava o tempo	Temperatura
6 da manhã	Frio	17 graus
Meio-dia		
4 da tarde		
6 da tarde		
9 da noite		

Meteorologia

Vamos conhecer o que fazem os meteorologistas e refletir sobre a importância da previsão do tempo.

Você sabe quem são os profissionais que fazem os boletins meteorológicos?

Para conhecê-los, que tal conversar com um meteorologista? Veja o que ele tem a nos dizer.

Com a palavra...

Acervo do autor/Arquivo da editora

Marcelo Schneider é meteorologista do Instituto Nacional de Meteorologia (INMET).

O que fazem os meteorologistas?

Nós ficamos atentos às nuvens e aos ventos, medimos a temperatura, a pressão atmosférica e a umidade do ar, interpretamos esses dados e fazemos as previsões.

O meteorologista também estuda e desenvolve modelos de como diferentes fatores (como temperatura, pressão, umidade) interferem no tempo e no clima.

Qual é a importância da previsão do tempo para as pessoas no dia a dia?

Por meio das previsões do tempo, você pode saber se há chance de chover ou não, se vai esfriar ou esquentar. Dessa maneira, você pode programar, por exemplo, se vai ou não viajar, que roupa vai usar, etc.

E qual é a importância da previsão do tempo para diferentes profissionais?

Os pilotos de avião, por exemplo, consultam a meteorologia para saber se vai haver turbulência, nevoeiro ou granizo durante o voo e nas operações de decolagem e aterrissagem.

O agricultor pode saber, por meio da meteorologia, se haverá água suficiente ou se terá de irrigar mais a plantação; e também se há previsão de geada, para então se prevenir e evitar maiores prejuízos na lavoura.

Até mesmo os agentes da defesa civil são avisados pelos meteorologistas se há previsão de frio muito intenso. Assim, podem oferecer abrigo às pessoas em situação de rua.

Ilustrações: Mouses Sagiorato/Arquivo da editora

1 Indique uma parte da entrevista que chamou a sua atenção. Explique por que você selecionou esse trecho da entrevista.

Compare sua resposta com a dos colegas: Vocês indicaram trechos diferentes da entrevista?

2 Vamos falar sobre a previsão do tempo de uma forma bem-humorada? Leia esta tirinha com a ajuda do professor e dê um título para ela.

FoxTrot, Bill Amend © 2000 Bill Amend/Dist. by Universal Uclick

3 Os professores trabalham dando aulas para os alunos. Os médicos avaliam a saúde dos pacientes. E os meteorologistas? Explique com o que esses profissionais trabalham no dia a dia.

Com um colega, criem histórias em quadrinhos relacionadas à meteorologia. Compartilhem sua produção com a classe.

4 Com a ajuda do professor, leia, nesta página e na próxima, os boletins meteorológicos anunciados na TV.

5 Circule nos textos acima as palavras que se relacionam com as condições do tempo.

Compare os boletins meteorológicos: quando ocorrem chuvas, o céu está com nuvens ou sem nuvens?

6 A apresentadora está falando sobre o tempo em alguns locais do Brasil. Associe os textos acima a esses locais de acordo com as do mapa na página ao lado, escrevendo as letras nos espaços indicados.

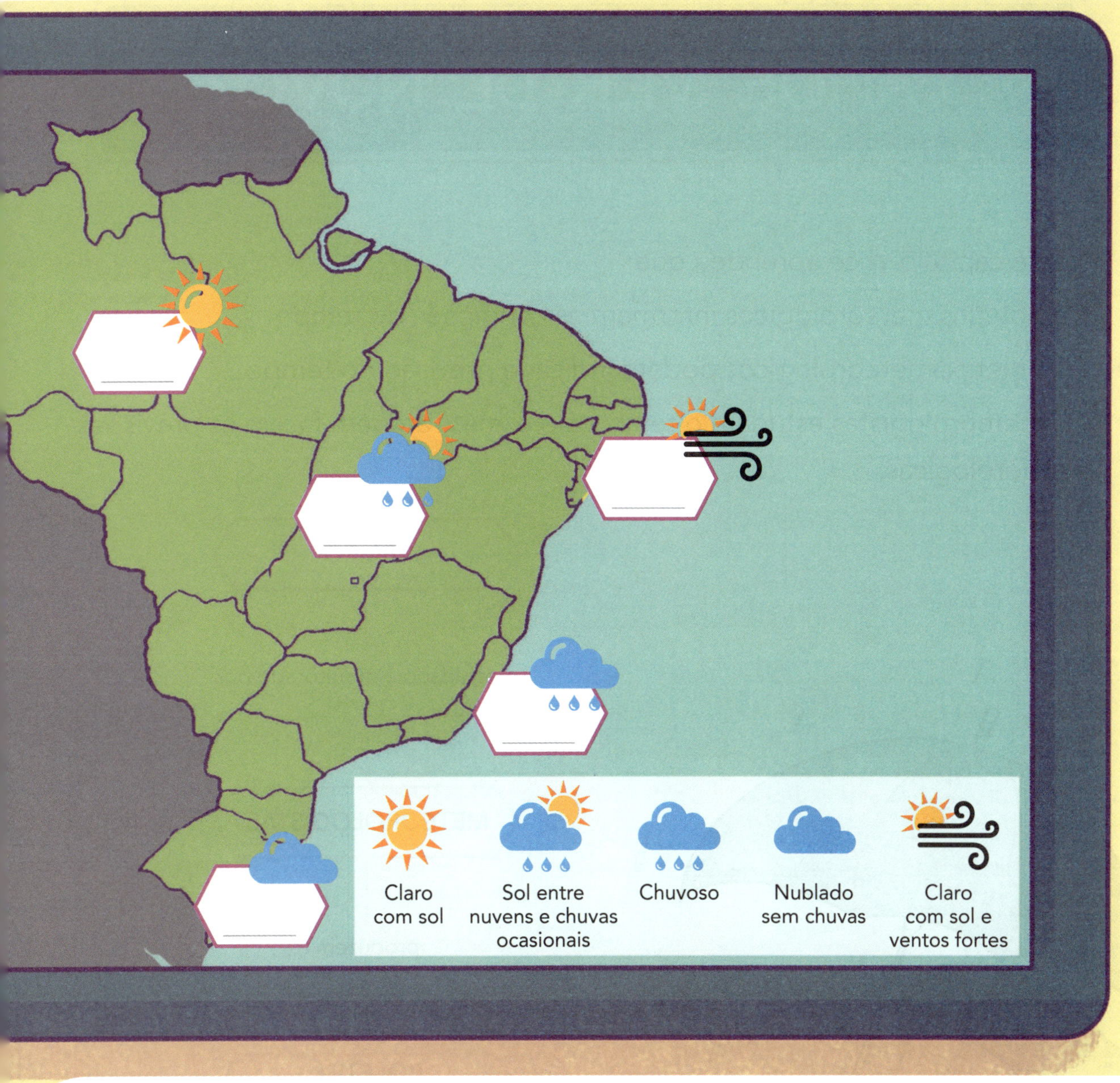

Giz de Cera/Arquivo da editora

7 Faça de conta que você é o profissional que vai falar sobre o tempo da cidade onde você mora! Invente uma previsão para o fim de semana e escreva-a no balão de fala abaixo.

Aproveite a oportunidade e leia o seu texto para os colegas, como fazem os apresentadores na televisão.

VAMOS VER DE NOVO?

Neste capítulo você aprendeu que:

- Os boletins meteorológicos informam as condições do tempo.
- Os boletins meteorológicos podem indicar a previsão do tempo.
- Os meteorologistas estudam o tempo e o clima. Também fazem as previsões meteorológicas.

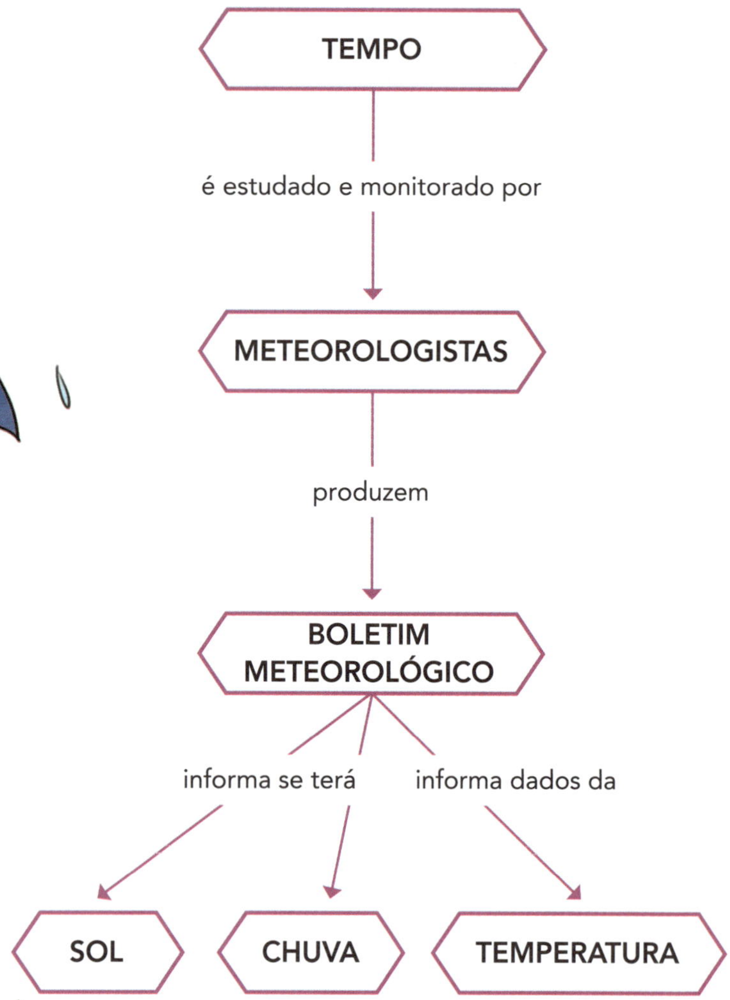

Mouses Sagiorato/Arquivo da editora

1 Releia com atenção os boletins meteorológicos no dia de Juliana (páginas 128 e 129) e responda às perguntas destas crianças.

a) ____

____

____

Ilustrações: Léo Fanelli/ Arquivo da editora

b) ____

____

____

____

c) ____

____

____

2 Leia a história em quadrinhos e responda às questões.

Hagaquezart Estúdio/Arquivo da editora

a) Você acha que o goleiro teve uma boa ideia?

b) Que sugestão você daria aos outros jogadores? Na sua resposta procure usar a palavra **meteorologista**.

3 No caderno escreva um texto explicando o que são e para que servem os boletins meteorológicos.

TECENDO SABERES

1 Leia os balões e complete as lacunas com o horário. Descubra como é o dia de Caroline, uma garota que vive em Estrasburgo, na França.

Hagaquezart Estúdio/Arquivo da editora

2 Identifique no texto dos balões da atividade anterior e transcreva para o quadro abaixo:

	Exemplos de palavras
Palavras que podem ser relacionadas com a noite	
Palavras que podem ser relacionadas com o dia	
Palavras que podem estar relacionadas ao céu	

3 Observe o mapa ao lado. Ele mostra os continentes do mundo. O ponto verde indica onde está o Brasil. O ponto vermelho é a França, onde Caroline mora. Agora, responda às questões abaixo.

Continentes do mundo

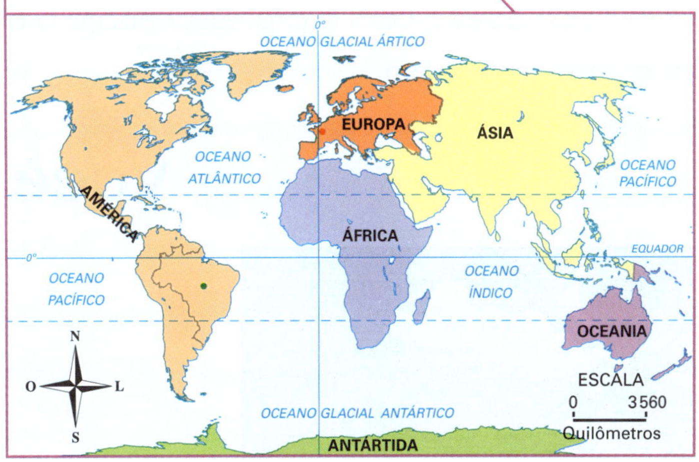

Júlio Dian/Arquivo da editora

Adaptado de: **Atlas geográfico escolar**. Rio de Janeiro: IBGE, 2012.

a) Quais são os continentes que existem no mundo?

____

b) Em que continente Caroline mora?

____

4 Observe o boneco de neve de Caroline e seus amigos representado no segundo quadrinho. Pinte de **azul** as partes esféricas e de **laranja** as partes cônicas.

Hagaquezart Estúdio/Arquivo da editora

O QUE ESTUDAMOS

Nesta unidade:

- Observamos o céu de dia e de noite.
- Estudamos seres vivos de hábitos diurnos e seres vivos de hábitos noturnos.
- Analisamos boletins meteorológicos e conhecemos a profissão de meteorologista.

Observe as imagens a seguir e relembre o que estudou. Depois, converse com os colegas e com o professor sobre o que você aprendeu nesta unidade que antes não sabia.

Você...

Registre suas ideias no caderno.

Hagaquezart Estúdio/Arquivo da editora

... estudou o aspecto do céu de dia e de noite.

Thinkstock/Getty Images

... estudou o aspecto das nuvens no céu.

Giz de Cera/Arquivo da editora

... aprendeu que há seres vivos de hábitos diurnos e seres vivos de hábitos noturnos.

Thinkstock/Getty Images

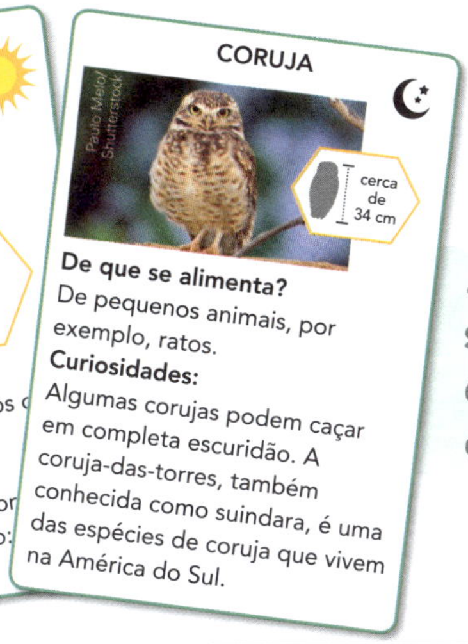

Paulo Melo/Shutterstock

... fez pesquisas sobre seres vivos de hábitos diurnos e de hábitos noturnos.

... analisou o que os boletins meteorológicos informam.

FoxTrot, Bill Amend © 2000 Bill Amend/ Dist. by Universal Uclick

Acervo do autor/Arquivo da editora

... descobriu o que fazem os meteorologistas e refletiu sobre a importância da previsão do tempo.

Folheie as páginas anteriores e reflita sobre valores, atitudes e o que você sentiu e aprendeu nesta unidade.

- Você já parou para contemplar as nuvens no céu, o amanhecer e o entardecer? O que você sentiu ao fazer isso?
- Que ser vivo mais ativo durante a noite você gostou de estudar nesta unidade? E que outro ser vivo mais ativo durante o dia você gostaria de ter estudado aqui?
- Você já pensou em ser astrônomo ou meteorologista quando crescer? Qual é a sua opinião sobre essas profissões?

Unidade 4

Invenções, sentidos e materiais

Kami Queiroz/Arquivo da editora

- O que estas crianças estão fazendo e sentindo? Converse com os colegas.
- Que invenções representadas nesta imagem nos ajudam a perceber melhor o mundo à nossa volta?
- De que materiais são feitos alguns dos objetos representados na cena?
- Onde há água representada na ilustração?

Capítulo 10

Invenções para ver e para ouvir

ronstik/Shutterstock

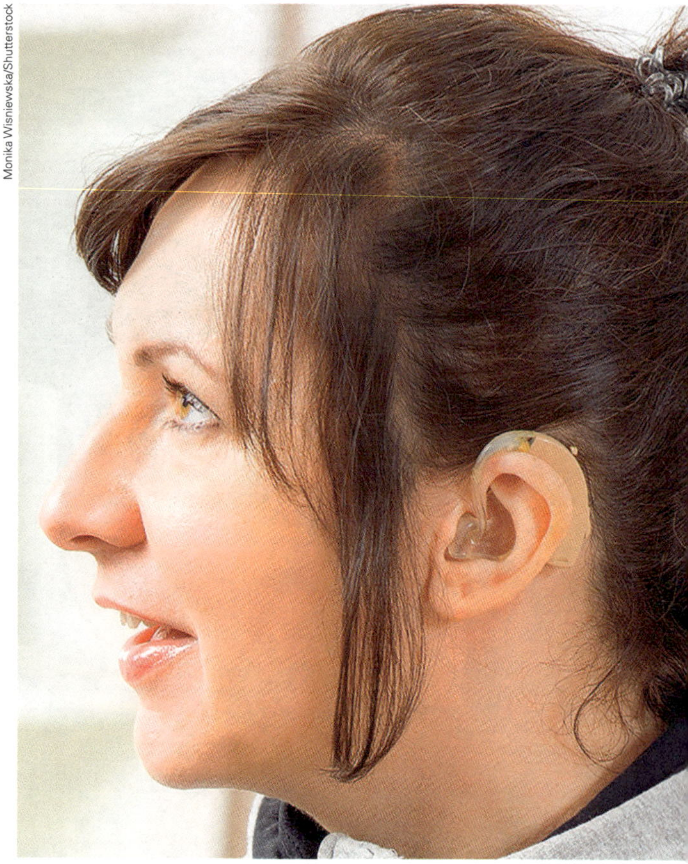

Monika Wisniewska/Shutterstock

Você enxerga e ouve bem?

Neste capítulo vamos explorar a visão, a audição e algumas invenções que nos ajudam a ver e a ouvir melhor.

Para iniciar

- Dê exemplos de invenções que ajudam a enxergar melhor.
- E quanto a invenções que ajudam a ouvir melhor, você saberia dar alguns exemplos?
- Como deve se sentir alguém que tem dificuldade para enxergar ou para ouvir? Converse com os colegas.

Atividade prática

Vamos construir dois inventos, um para ver melhor e outro para ouvir melhor?

Material
• Água
• Garrafa PET transparente

Montagem 1

1. Encha completamente a garrafa com água. Feche-a com a tampa e, se necessário, enxugue-a.
2. Deite a garrafa sobre um texto ou o detalhe de uma figura em um livro, jornal ou em uma revista. Repare no tamanho da imagem vista através da garrafa.

Fotos: Eduardo Santaliestra/Arquivo da editora

Montagem 2

1. Enrole a cartolina no formato de um cone aberto. Prenda as laterais com fita adesiva.
2. Posicione a parte mais estreita do cone junto à orelha, como mostra a fotografia, prestando atenção aos sons à sua volta. Você percebe alguma diferença na sua audição?

Material
• Cartolina
• Fita adesiva

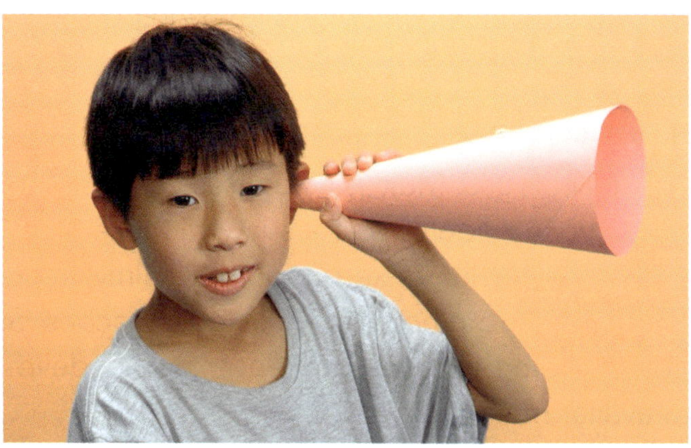

Atenção !

Não introduza nada nas orelhas.
Não grite nem emita sons muito intensos na abertura do cone. Isso pode prejudicar a audição do colega.

Para ver melhor

Vamos investigar a visão humana e conhecer invenções que nos ajudam a ver melhor.

Você sabe quem são os médicos que examinam as pessoas e podem detectar se elas estão com algum problema de visão? Para conhecer mais sobre o trabalho desses profissionais, leia com o professor a entrevista abaixo feita com uma oftalmologista.

Com a palavra...

Como podemos saber se temos ou não algum problema de visão?

É importante estar atento aos sintomas de baixa visão. Alguns deles são: visão embaçada, dor de cabeça constante, dificuldade para enxergar de perto.

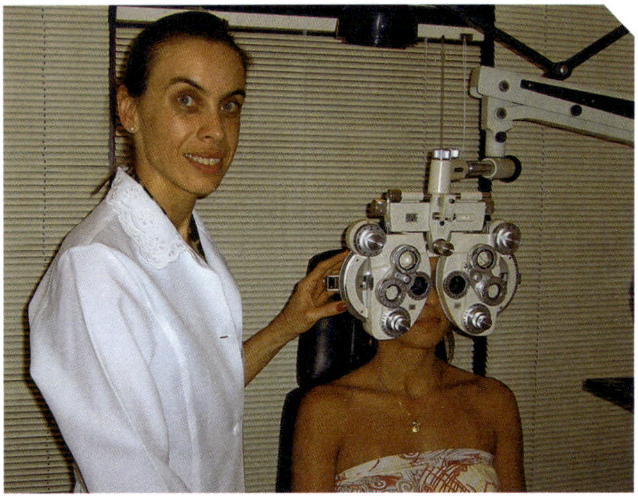

Acervo do autor/Arquivo da editora

A médica oftalmologista Christiane Rolim atende adultos e crianças em seu consultório.

Nesses casos devemos procurar um médico oftalmologista?

Sim. Um oftalmologista deve ser consultado para fazer um teste e avaliar a sua capacidade de visão. Nesse teste você deve identificar as letras ou os desenhos de um quadro que vai estar a alguns metros de distância.

O único "remédio" para os defeitos de visão são os óculos?

O mais comum é que se receitem óculos. Mas há casos em que pode até mesmo ser necessária a realização de uma cirurgia.

Que conselhos você nos daria para cuidarmos bem de nossos olhos?

Nunca jogue objetos no rosto dos colegas. Muitos acidentes com os olhos ocorrem dessa maneira. Além disso, você pode checar a sua visão fazendo um teste: tape um olho e perceba se você continua enxergando normalmente, tanto de perto quanto de longe. Depois, tape o outro olho e repita as observações. Se perceber que enxerga melhor com um olho do que com o outro, você deve procurar um oftalmologista para avaliar melhor a situação.

Assim também aprendo

Compartilhe com os colegas o final que você criou para a história em quadrinhos.

1 A história de Carlos, uma criança de 7 anos, está incompleta. Desenhe um final que mostre o que aconteceu com o menino durante e depois de sua consulta com um oftalmologista.

Hagaquezart Estúdio/Arquivo da editora

No consultório do oftalmologista...

Alguns dias depois...

2 Como é possível perceber que alguém, ou você mesmo, está precisando usar óculos? Converse com os colegas.

3 Abaixo vemos outras invenções com lentes que nos ajudam a enxergar melhor. Termine de escrever as legendas das imagens usando as opções do banco de palavras.

microscópio	grandes distâncias	imagens

Thinkstock/Getty Images

A lupa serve para ampliar ______________________.

Michael Jung/Shutterstock/Glow Images

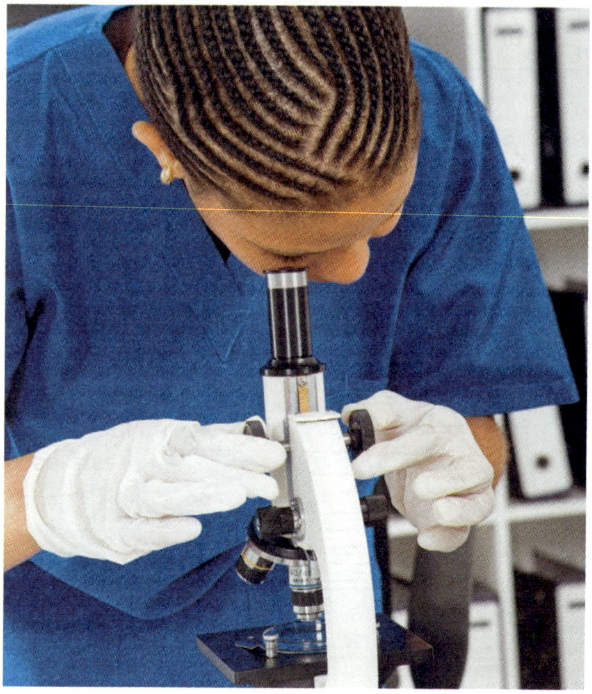

Para observar corpos muito pequenos, utilizamos o ______________________.

Risteski goce/Shutterstock

Com as lunetas podemos ver objetos localizados a ______________________
____
______________________.

Desafio

4 Com os colegas de grupo, faça uma pesquisa sobre duas outras invenções que possuam lentes. Em uma folha de papel avulsa escreva o nome de cada invenção pesquisada e para que serve.

5 Leia o cartaz abaixo: Quantas invenções que auxiliam as pessoas com deficiência visual você consegue identificar? Circule no cartaz o nome dessas invenções.

FUNDAÇÃO DORINA NOWILL PARA CEGOS

Acervo Fundação Dorina Nowill para Cegos

OS CEGOS NÃO PODEM VER. MAS ELES PODEM LER!

Acervo Fundação Dorina Nowill para Cegos

Dorina Nowill nasceu em São Paulo, em 1919, e ficou cega aos 17 anos. Nessa época ela estudava para ser professora de crianças.

Ana Ottoni/Acervo Fundação Dorina Nowill para Cegos

Dorina e outras pessoas criaram, em 1946, a Fundação para o Livro do Cego no Brasil. Em 1991, a instituição passou a se chamar Fundação Dorina Nowill para Cegos, em homenagem a sua criadora.

A fundação tem uma enorme imprensa braile e produz livros escritos dessa maneira. O alfabeto braile foi inventado em 1829 pelo francês Louis Braille, cego desde os 3 anos.

Acervo Fundação Dorina Nowill para Cegos

Shutterstock/Alsu

Cada letra do texto em braile corresponde a pequenas saliências no papel. Ao passar a ponta dos dedos sobre o texto, uma pessoa cega consegue sentir as saliências no papel e ler.

Mauricio de Sousa/Mauricio de Sousa Editora Ltda.

Essa é Dorinha, a personagem da Turma da Mônica inspirada na Dorina de verdade. Ela anda por aí com sua bengala e seu cão-guia.

Para ouvir melhor

Vamos investigar a audição humana e conhecer invenções que nos ajudam a ouvir melhor.

Você já reparou em quantos sons diferentes podemos ouvir ao nosso redor? E já pensou que esses sons podem vir de muito longe?

Os sons "viajam" no ar como **ondas sonoras**. A partir do momento em que nossas orelhas captam essas ondas, sinais são enviados para o cérebro e... ouvimos.

Giz de cera/Arquivo da editora

Algumas pessoas têm problemas de audição. Para que essas pessoas possam viver sem **restrições** e com qualidade, elas podem recorrer a invenções, como aparelhos auditivos e o alfabeto em Libras (Língua Brasileira de Sinais).

restrição: limite, algo que não é permitido a todos.

Problemas de audição podem ser detectados por meio de um exame audiométrico, feito por profissionais especializados.

Cuide da sua audição!

- Evite ficar exposto a sons muito altos.
- Não coloque objetos no interior da orelha.
- Seque a orelha somente com uma toalha.
- Se perceber algum problema, consulte um médico.

Você já fez algum exame para avaliar a sua audição? Converse com os colegas.

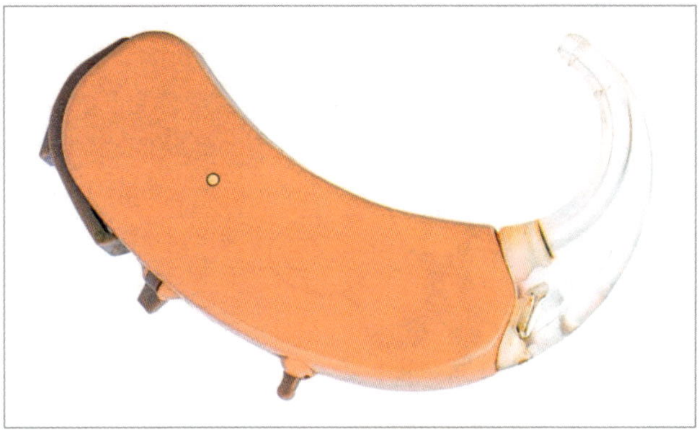

Andras Csontos/Shutterstock

Os aparelhos auditivos podem corrigir alguns problemas de audição.

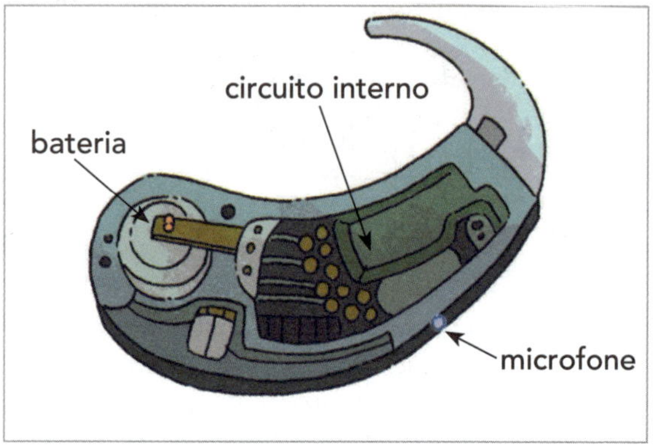

Léo Fanelli/Arquivo da editora

Representação dos componentes internos de um aparelho auditivo.

1 Leia o início da história de Teresa, uma criança de 7 anos. Depois, crie um final para a história e pense em um título.

Hagaquezart Estúdio/Arquivo da editora

Com seu novo aparelho auditivo, Teresa voltou à escola...

Compartilhe com os colegas o final que você criou para a história em quadrinhos.

2 Como é possível perceber que alguém, ou você mesmo, está precisando usar um aparelho auditivo? Converse com os colegas.

3 Feche os olhos por alguns minutos e preste atenção nos sons ao seu redor. No espaço abaixo, escreva uma lista de tudo o que ouviu.

Compartilhe sua lista com os colegas. Alguém escutou um som diferente dos que você registrou?

Kami Queiroz/Arquivo da editora

4 Escreva um texto sobre audição para a **Enciclopédia digital das crianças**. Depois, desenhe no local indicado as estruturas do corpo relacionadas a esse sentido.

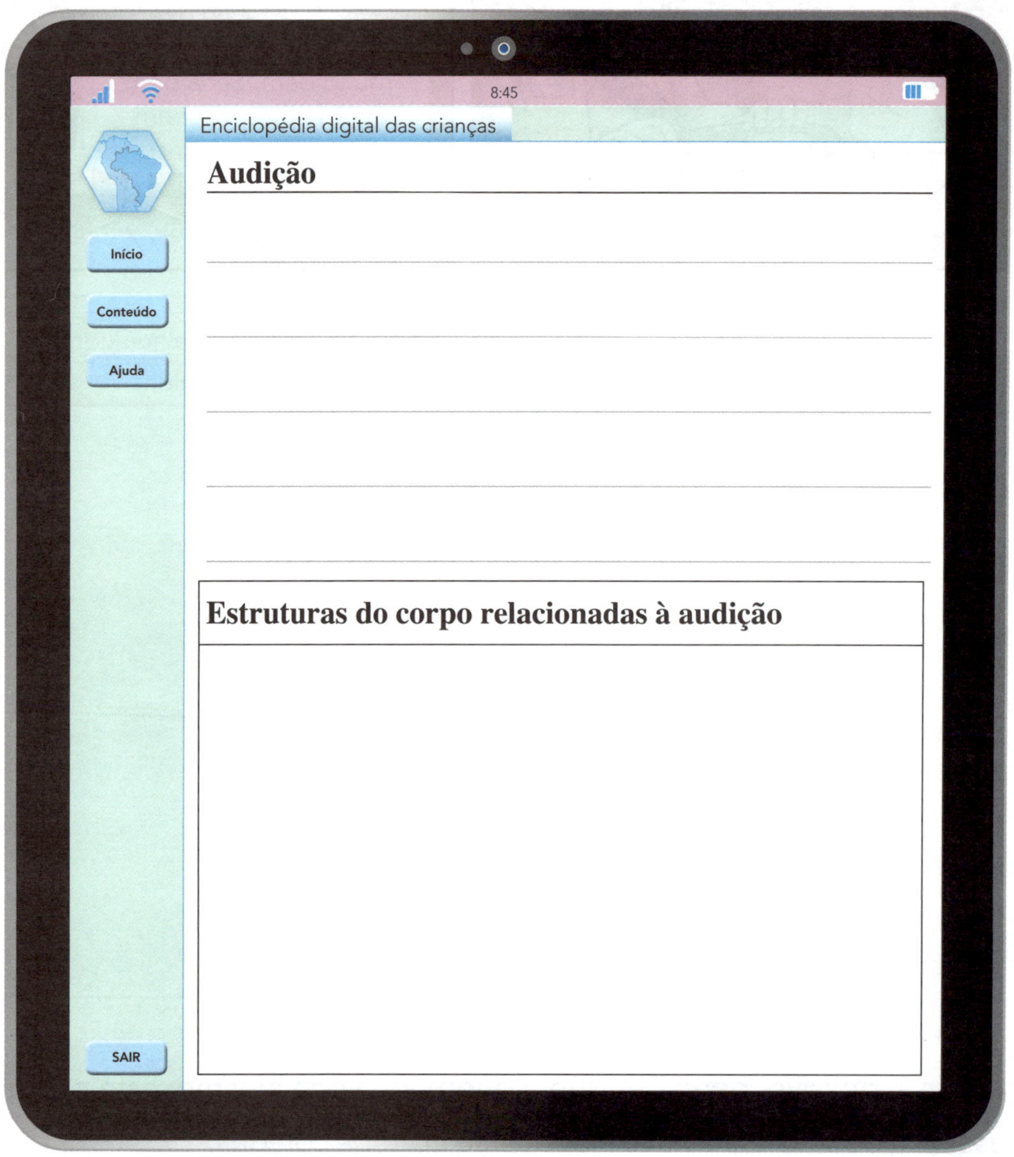

Banco de imagem/Arquivo da editora

5 Observe como são representadas as letras no alfabeto em Libras:

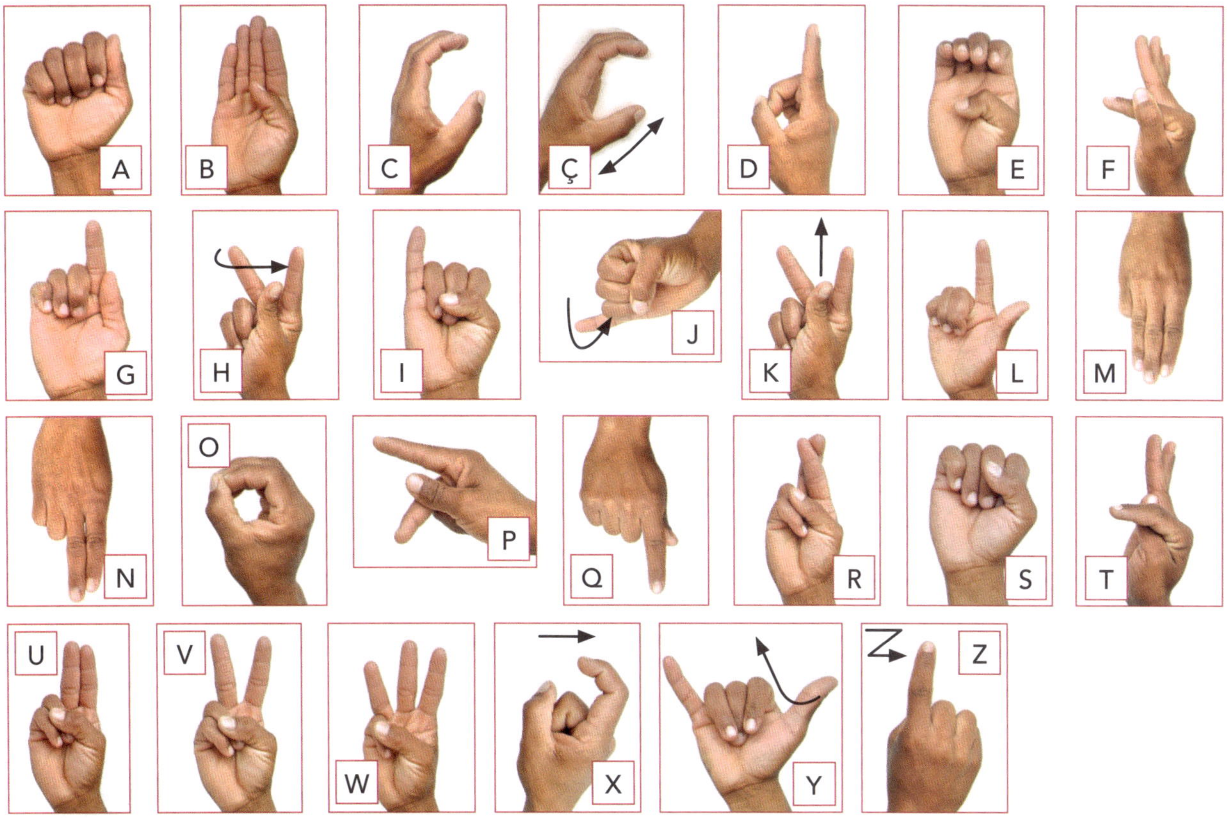

Fotos: Eduardo Santaliestra/Arquivo da editora

Treine o uso do alfabeto em Libras representando, ao menos uma vez, os gestos que correspondem a cada uma das letras.

a) Represente para um colega os gestos que correspondem às letras do seu nome.

b) Observe os gestos que correspondem às letras do nome dele e tente reproduzi-los.

Assim também aprendo

6 Decifre os nomes, representados em Libras, que foram usados para preencher a cruzadinha.

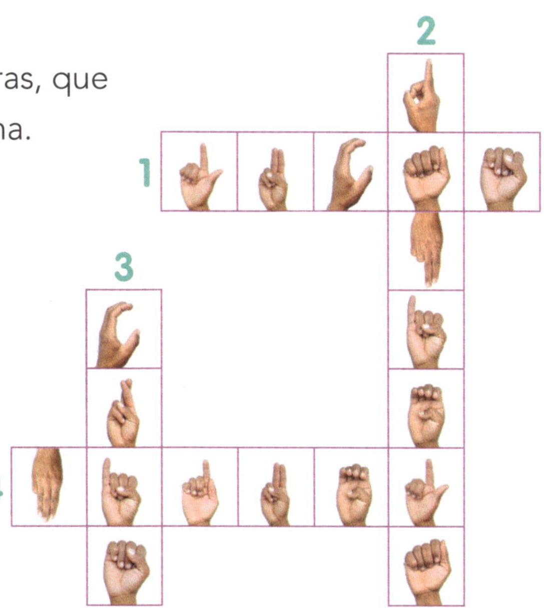

1. ______________________

2. ______________________

3. ______________________

4. ______________________

VAMOS VER DE NOVO?

Neste capítulo, você aprendeu que:

- Podemos detectar problemas na visão por meio de exames ao consultar um médico oftalmologista.
- Óculos são usados para corrigir certos problemas de visão.
- Algumas invenções, como as lupas, ampliam a capacidade de visão das pessoas.
- Podemos detectar problemas na audição por meio de um exame audiométrico, feito por um profissional.
- Aparelhos auditivos ajudam a resolver certos problemas de audição.
- A comunicação em Libras é uma invenção que facilita a comunicação de pessoas com problemas de audição.

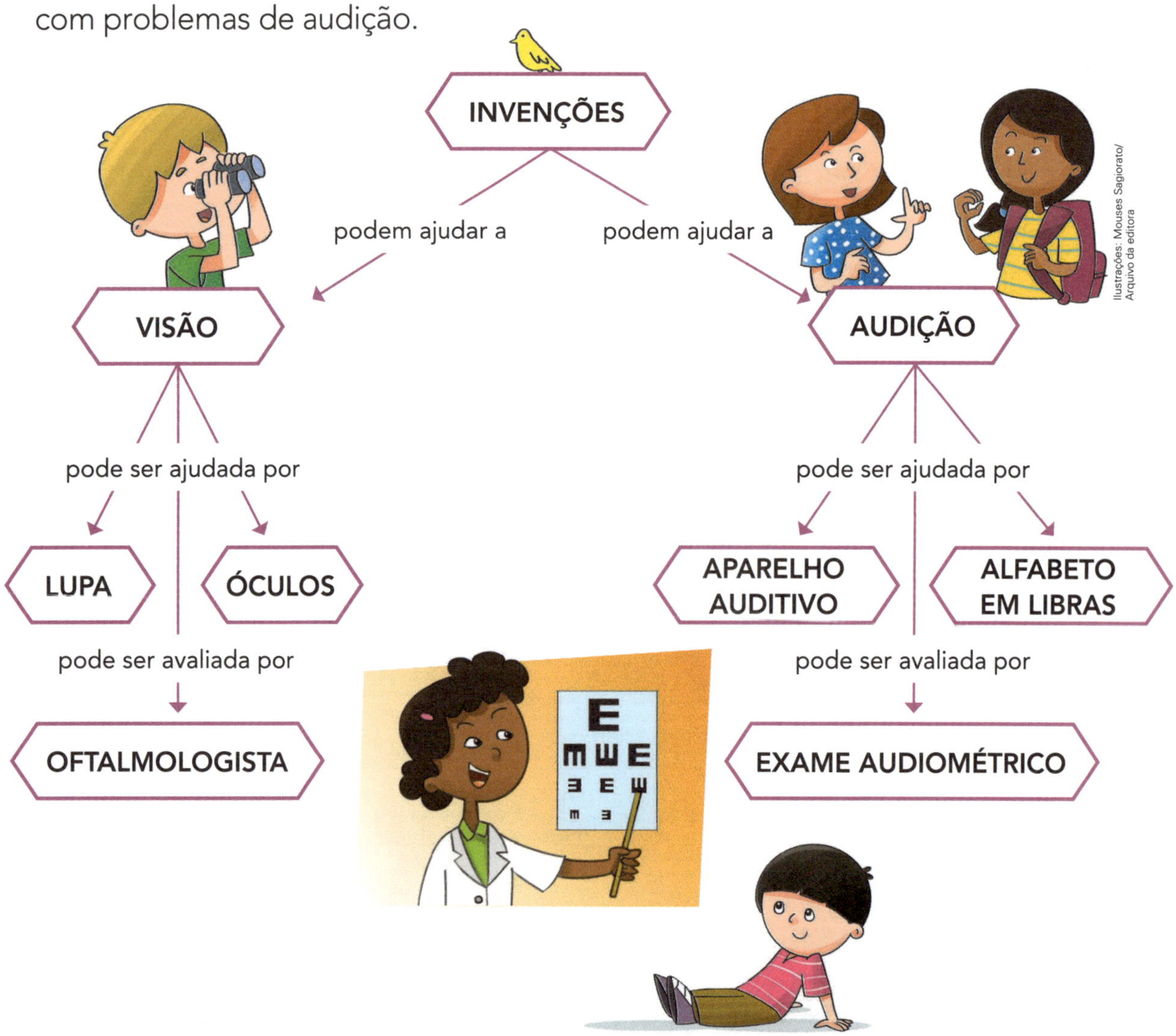

Ilustrações: Mouses Sagiorato/Arquivo da editora

1 Com base no que você estudou, complete o cartaz abaixo com frases sobre os cuidados que devemos ter com a visão e a audição.

Letras: Jovitta/Shutterstock

Ilustrações: Mouses Sagiorato/Arquivo da editora

2 Observe as imagens e decifre: Que palavras estão representadas com o alfabeto em Libras?

A 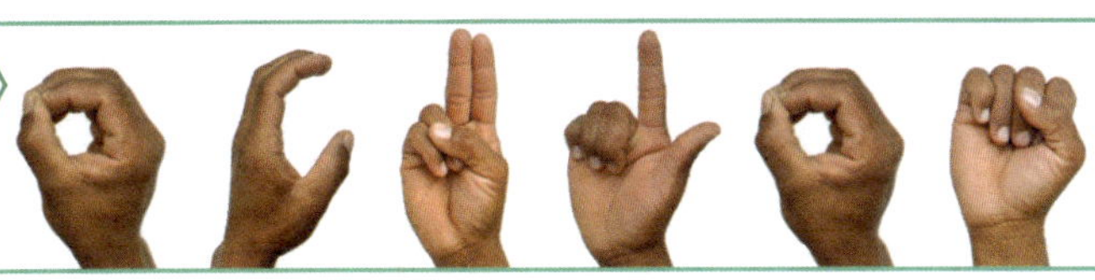 ____________________

B 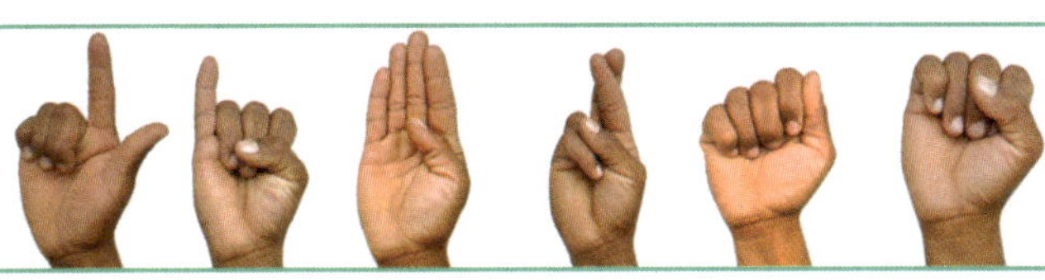 ____________________

C 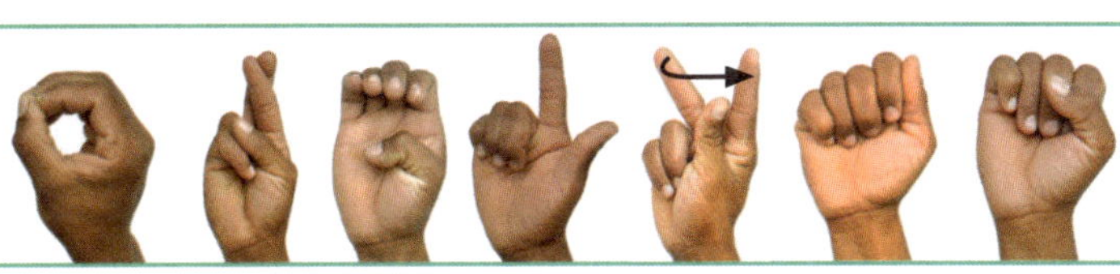 ____________________

Fotos: Eduardo Santaliestra/Arquivo da editora

3 Em seu caderno, escreva uma frase para cada palavra formada na atividade anterior.

Capítulo 11

Invenções, quente e frio

Fernando Favoretto/Criar Imagem

Qual é a temperatura de um copo cheio de gelo?

Neste capítulo vamos estudar instrumentos de medida, como os termômetros. Também vamos estudar as misturas e as transformações pelas quais a água passa, quando está em diferentes temperaturas.

Para iniciar

- Você já usou um termômetro? Em caso afirmativo, em qual situação?
- Você já viu água que não é líquida? Em caso afirmativo, em qual situação?
- Qual você imagina que seja a temperatura do gelo mostrado na imagem acima?

Atividade prática

Vamos esfriar o suco de uma fruta o máximo que conseguirmos! O que será que vai acontecer?

Material

- Colheres descartáveis ou palitos
- Copos descartáveis
- Frutas

Como fazer

1. Com um adulto, faça o suco de uma fruta de que você gosta.

2. Coloque o suco em copinhos plásticos pequenos. Em cada copinho, coloque também uma colher descartável ou palito.

3. Leve tudo ao congelador e deixe por algumas horas.

Fotos: Fernando Favoretto/Criar Imagem

4. Retire os copinhos do congelador e solte os "blocos gelados". Agora, é só saborear o seu picolé de frutas!

Termômetro: um instrumento de medida

Vamos conhecer termômetros e tomar medidas de temperatura.

Qual é a temperatura de uma superfície exposta ao Sol?

No nosso dia a dia usamos diferentes instrumentos de medida: fitas métricas, réguas, relógios e balanças são alguns exemplos. Neste capítulo vamos estudar os termômetros. Com eles, podemos saber a temperatura exata de um corpo, de um alimento, de um local, etc.

Para usar um termômetro com coluna de líquido é necessário observar a posição do líquido no seu interior e comparar com a escala graduada representada nele.

O termômetro clínico é usado para medir a temperatura do corpo. Ele pode ser digital ou conter metais líquidos em seu interior.

Para medir a temperatura do ambiente podemos usar um termômetro que contenha álcool colorido na sua coluna.

Que tal usar um termômetro para medir e comparar a temperatura do que está a sua volta? Você poderá descobrir casos interessantes. Compare, por exemplo, a temperatura de superfícies expostas à luz do Sol e que sejam de cores diferentes, por exemplo: preta e branca. Será que há diferença nas temperaturas? Será que a temperatura da areia no parquinho é diferente da temperatura do piso de concreto logo ao lado? Como ficará a temperatura de ambos se estiverem recebendo diretamente a luz do Sol?

Quantos graus indica cada termômetro mostrado nesta página?

Atenção !

Peça a ajuda de um adulto para manusear um termômetro clínico.

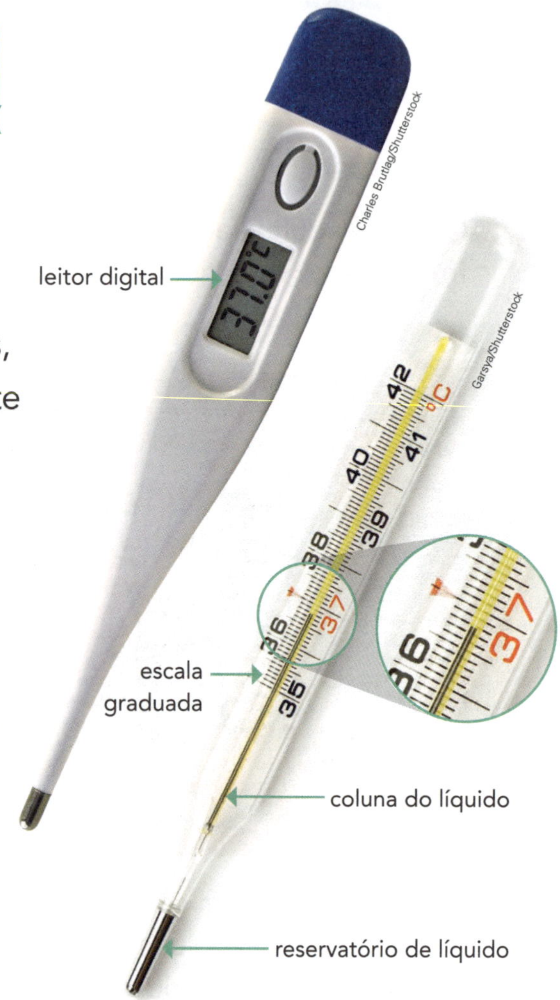

Termômetros clínicos.

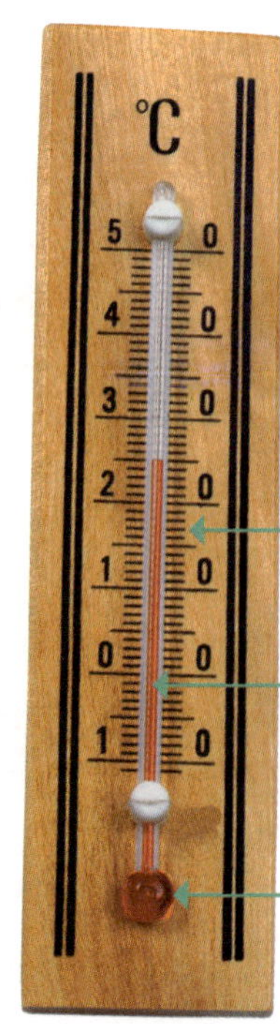

Termômetro a álcool.

1 Troque ideias com os colegas e responda: O que são instrumentos de medida? Em seguida, termine de preencher o esquema ao lado.

____

____

____

INSTRUMENTOS DE MEDIDA

exemplos

[________] [________]

[________] [________]

2 O cartaz do posto de saúde explica como usar o termômetro clínico. Complete as lacunas com os termos do banco de palavras.

reservatório	termômetro clínico	escala graduada

Como medir sua temperatura

Antes de usar o ______________________ ______________________ devemos segurá-lo pela extremidade oposta à do reservatório e agitá-lo com cuidado.

A coluna de líquido deverá diminuir e ficar próxima do reservatório.

O termômetro é colocado na axila com o ______________________ voltado para dentro; o braço da pessoa deve envolvê-lo. Aguarde cerca de 4 minutos.

Verifique o ponto que o líquido atingiu em relação à ______________________ ______________________.

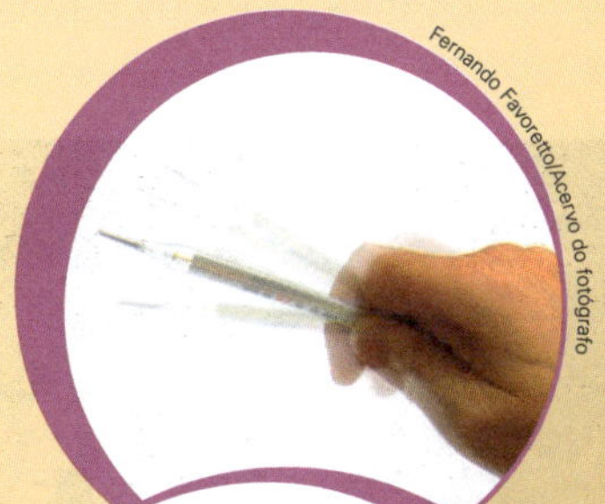
Fernando Favoretto/Acervo do fotógrafo

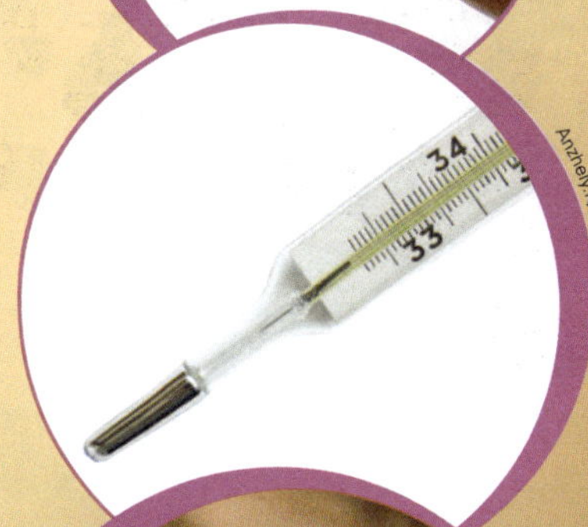
Anzhelyk/Shutterstock

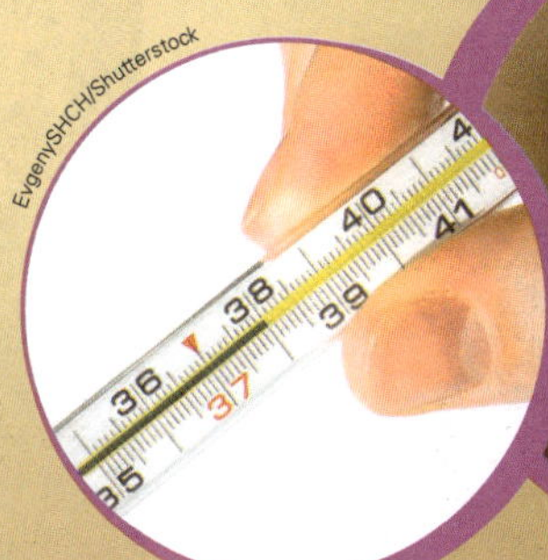
EvgenySHCH/Shutterstock

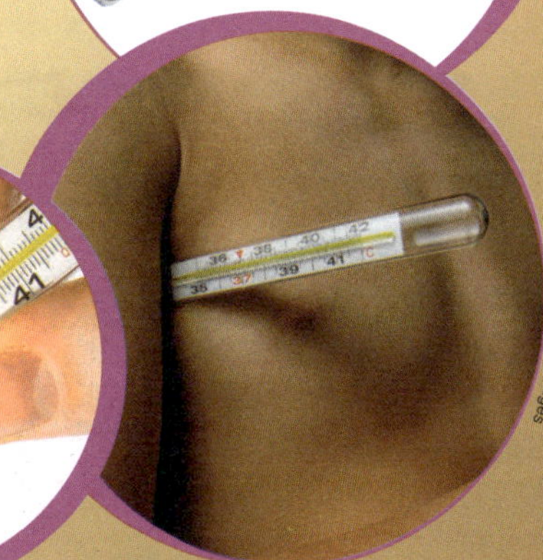
Thinkstock/Getty Images

Atenção !
Peça a ajuda de um adulto para manusear um termômetro clínico.

3 Indique a temperatura marcada na fotografia do último termômetro: __________.

4 Junto com o professor e os colegas, meça a temperatura de diferentes objetos e locais.

- O professor vai apresentar a vocês um termômetro a álcool.
- Deixem o termômetro por 5 minutos em diversos locais, como:

Fotos: Sérgio Dotta/The Next/Acervo do fotógrafo

... em um copo de água que está ao sol e em outro que está na sombra.

... sobre uma folha branca e uma preta que estão ao sol.

Atenção !

Peça ajuda ao professor para manusear o termômetro a álcool.

... em um local bastante ensolarado e em uma parte sombreada desse mesmo local, como a areia de um parquinho.

5 Registrem abaixo o que vocês fizeram, completando os textos e marcando na tabela as temperaturas obtidas em cada uma das situações.

Banco de imagens/Arquivo da editora

O que fizemos: Junto com um adulto nós ____.

O que observamos: Verificamos que ____.

Local	Temperatura
Areia do parquinho (área ensolarada)	
Areia do parquinho (área na sombra)	
Superfície branca (área ensolarada)	
Superfície preta (área ensolarada)	
Copo de água ao sol	
Copo de água na sombra	

Hagaquezart Estúdio/Arquivo da editora

Água que não é líquida

Vamos estudar algumas transformações pelas quais a água pode passar.

Você já viu água que não é líquida? E uma estátua feita de água, você já viu?

Pois a água não se encontra somente no estado líquido. Você mesmo já deve ter visto e conhece muito bem a água no estado sólido. É o gelo!

Para fazer gelo precisamos colocar água no congelador. Depois de um tempo, a água muda do estado líquido para o estado sólido.

Quando a água está no estado sólido podemos esculpi-la e fazer estátuas. É isso mesmo: estátuas de água, como a mostrada na página seguinte.

A água é, portanto, uma substância que não existe somente no estado líquido. A água pode se apresentar em diferentes estados físicos: sólido, líquido ou gasoso.

Mikhail Olykainen/Shutterstock

O gelo nada mais é do que água no estado sólido.

A água também é um dos componentes de diferentes misturas presentes no nosso dia a dia. Na cozinha costumamos fazer muitas misturas. Em muitas delas misturamos água líquida com outros componentes que podem estar em diferentes estados físicos.

Olga Vasilyeva/Shutterstock

1 Para resumir o texto da página anterior, complete os esquemas a seguir com os termos do banco de palavras.

sólido	misturas	estados físicos	substância	gasoso	água	líquido

ÁGUA → pode estar em diferentes → ______________

GELO → é → ______________

ÁGUA → é uma → ______________

GELO → é feito de → ______________

ESTADOS FÍSICOS → podem ser → **SÓLIDO** | ______________ | ______________

ÁGUA → pode fazer parte de diferentes → ______________

Galina 2703/Shutterstock

Sugestão de...

Livro

Meu planeta rima com água. César Obeid. São Paulo: Moderna, 2016.

Em países muito frios é possível expor estátuas de gelo por dias sem que elas derretam. A da fotografia foi feita na cidade de Perm, na Rússia, em 2017.

2 Observe as fotografias abaixo. Em cada copo, as crianças estão formando misturas diferentes. Indique abaixo de cada fotografia se os componentes são sólidos, líquidos ou gasosos.

A

Sérgio Dotta Jr./Arquivo da editora

____

____

____

B

Sérgio Dotta Jr./Arquivo da editora

____

____

____

C

Sérgio Dotta Jr./Arquivo da editora

____

____

____

D

Fernando Favoretto/Criar Imagem

____

____

____

Com um adulto, faça diferentes misturas na cozinha de sua casa. Conte para os colegas as misturas que você fez.

3 Ajude as crianças a terminar o relatório registrando como fizeram gelo e sintetizando o que aprenderam.

Compartilhe o seu relatório com os colegas.

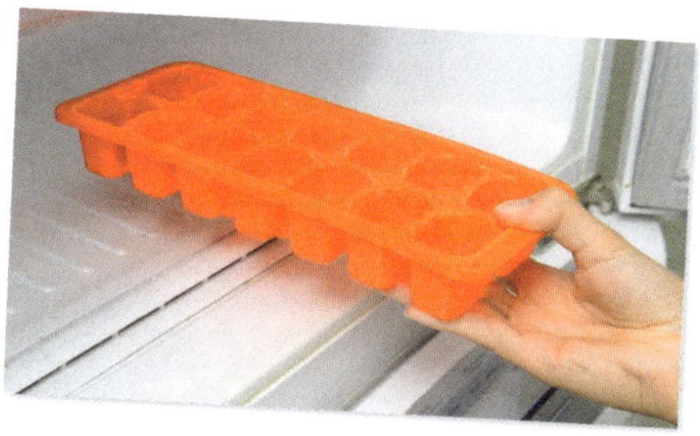

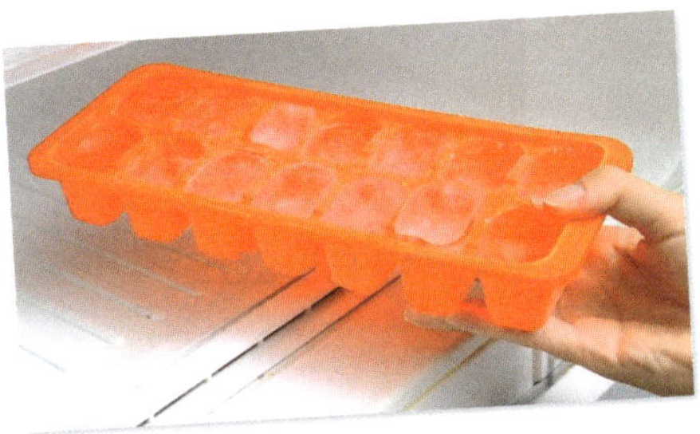

Fotos: Fernando Favoretto/Criar Imagem

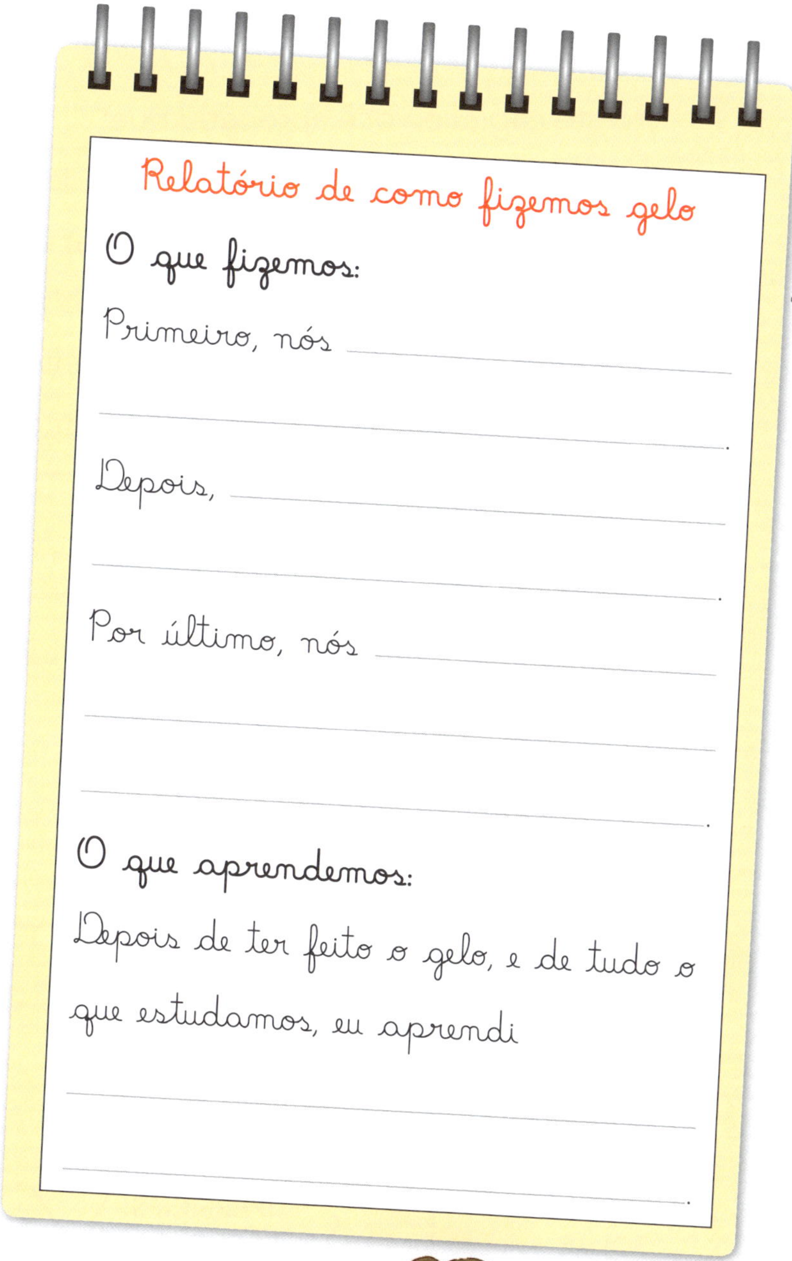

Banco de imagens/Arquivo da editora

Desafio

4 Converse com os colegas e explique o que a criança do desenho quis dizer com: "Vamos pôr água em estado sólido no suco?".

Léo Fanelli/Arquivo da editora

VAMOS VER DE NOVO?

Neste capítulo você aprendeu que:

- Os termômetros são instrumentos usados para medir a temperatura.
- A incidência da luz solar pode provocar aquecimento.
- Com a incidência da luz solar, superfícies escuras tendem a se aquecer mais.
- A água pode ser encontrada em diferentes misturas.
- A água pode ser encontrada em diferentes estados físicos.

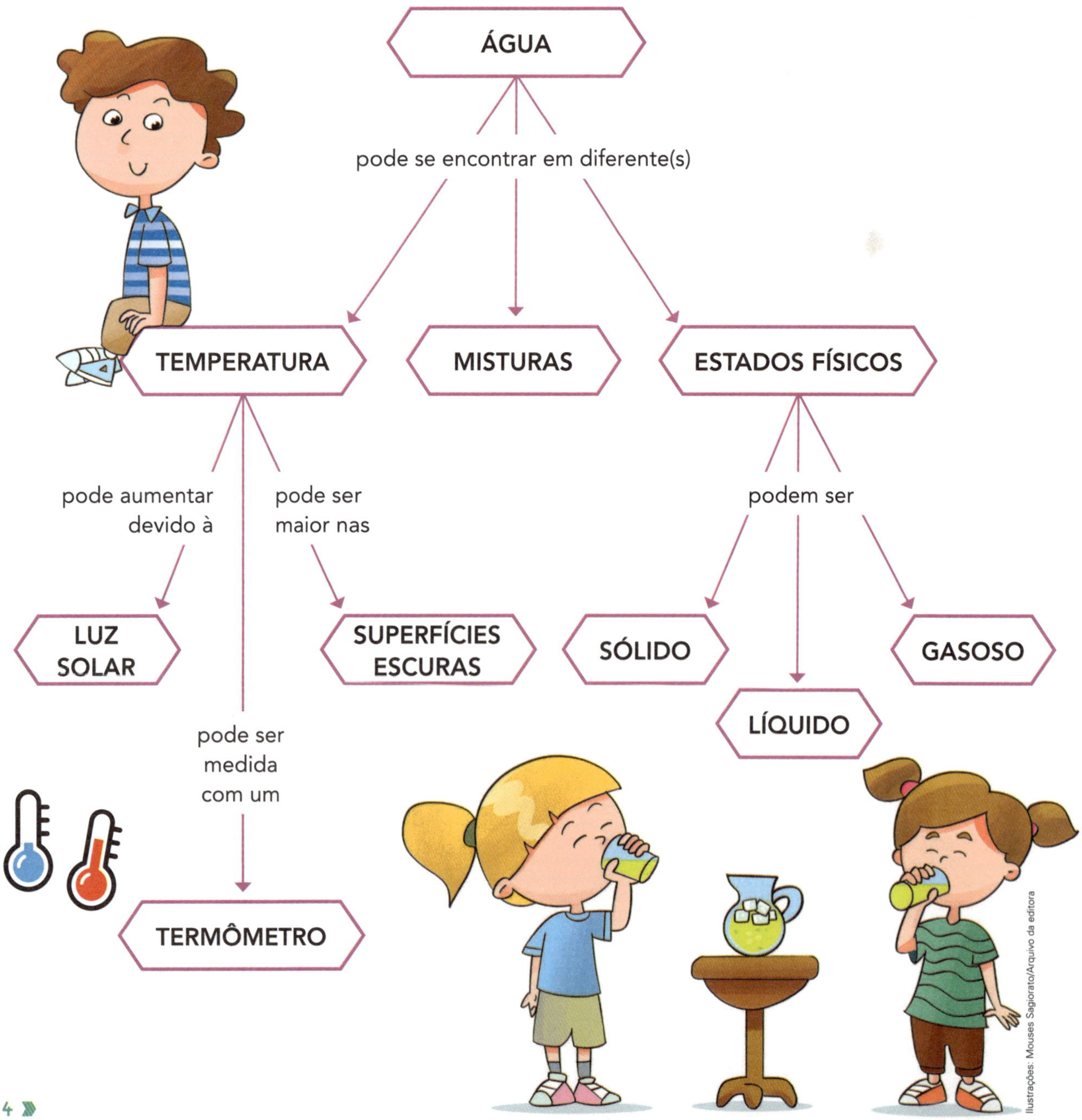

RedKoala/Shutterstock

Ilustrações: Mouses Sagiorato/Arquivo da editora

1 Circule as frases que você considera que estejam erradas e reescreva-as corretamente no caderno.

2 Observe as misturas abaixo. Escreva o nome dos componentes de cada uma dessas misturas e indique se o componente é sólido, líquido ou gasoso.

Fotos: Fernando Favoretto/Criar Imagem

Mistura 1: ______________________________.

Mistura 2: ______________________________.

Mistura 3: ______________________________.

3 Analise as imagens e responda: Em que estado a água aparece em cada imagem?

ApisitBurawannint/Shutterstock

Fernando Favoretto/Criar Imagem

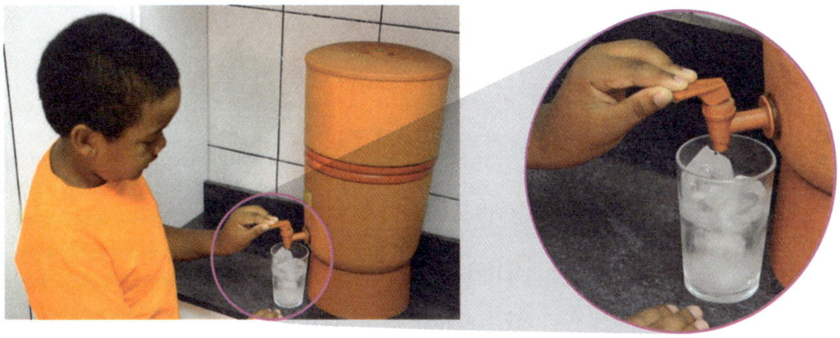

____

____

Capítulo 12

Invenções, objetos e materiais

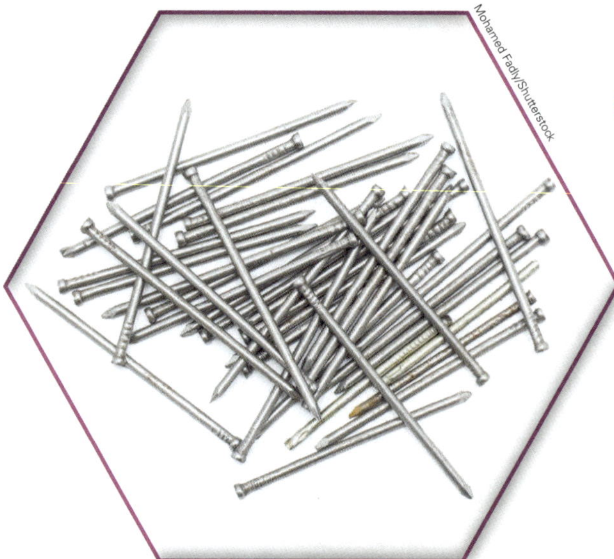
Mohamed Fadly/Shutterstock

Os elementos representados nesta página não estão na mesma proporção de tamanho.

Kovalchuk Oleksandr/Shutterstock

Evgeny Tomeev/Shutterstock

Do que são feitos esses pregos? E a jarra? E o caderno?

Neste capítulo vamos estudar de que são feitos diferentes objetos e conhecer alguns materiais criados pelo ser humano.

Para iniciar

- Observe o que está ao seu redor: Você já se perguntou de que todas essas coisas são feitas?
- Para fazer o mesmo tipo de objeto (um copo, por exemplo), sempre utilizamos o mesmo tipo de material? Ou podemos utilizar materiais diferentes?
- Você sabe como são obtidos materiais como o vidro e o plástico?

Atividade prática

Vamos fazer um vaso usando argila como material?

Material
• Argila
• Espátula (pode ser um palito de sorvete)
• Pincel
• Tinta

Como fazer

1. Faça rolinhos com a argila.

Sérgio Dotta Jr./Arquivo da editora

2. Faça uma base com um pouco de argila e, em seguida, molde os rolinhos para formar o corpo do objeto.

Fernando Favoretto/Criar Imagem

3. Use uma espátula para unir as partes do vaso.

Sérgio Dotta Jr./Arquivo da editora

4. Espere secar e depois pinte. O seu vaso está pronto!

Sérgio Dotta Jr./Arquivo da editora

Diferentes objetos, diferentes materiais

Vamos estudar de que são feitos diferentes objetos do nosso dia a dia.

Os elementos representados nesta página não estão na mesma proporção de tamanho.

Você já viu um carro feito de papel? E uma blusa de vidro?

O mais provável é que não!

Para fazer objetos, como uma panela que vai ao fogo, uma caneca e outros itens de cozinha, temos de usar um material resistente ao calor e que não queime. Alguns exemplos são o barro (argila) e o alumínio.

Outros materiais podem ser usados para fazer diferentes objetos. Por exemplo, o cobre é flexível e conduz eletricidade, por isso pode ser usado para fazer fios elétricos. A borracha é elástica, por isso é muito usada em pneus e como amortecedora em tênis de corrida. Outro exemplo é o vidro, um material ideal para fazer copos, janelas, vitrines e garrafas, por exemplo, em razão de sua transparência. Já com plásticos resistentes podemos fazer jarras, copos, brinquedos e uma infinidade de outras coisas.

Angelo Gilardelli/Shutterstock

Coprid/Shutterstock

Uma panela de barro e uma caneca de alumínio são objetos que podem ir ao fogo.

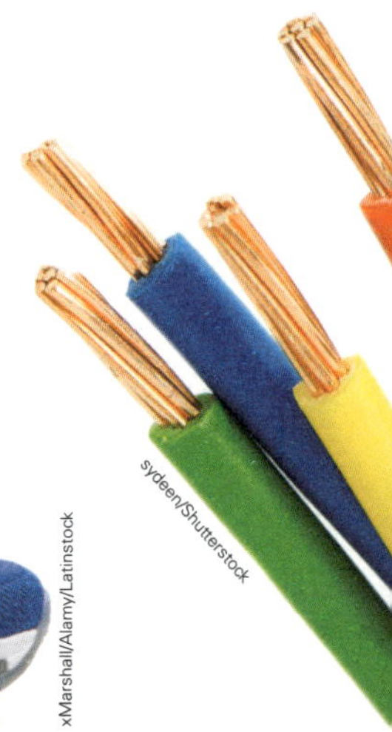

sydeen/Shutterstock

xMarshall/Alamy/Latinstock

Amortecedores de borracha podem ser usados nos tênis para não machucarmos os pés. Já os fios de cobre são muito usados em aparelhos eletrônicos.

Zhu difeng/Shutterstock

A transparência do vidro permite que enxerguemos os produtos através das vitrines.

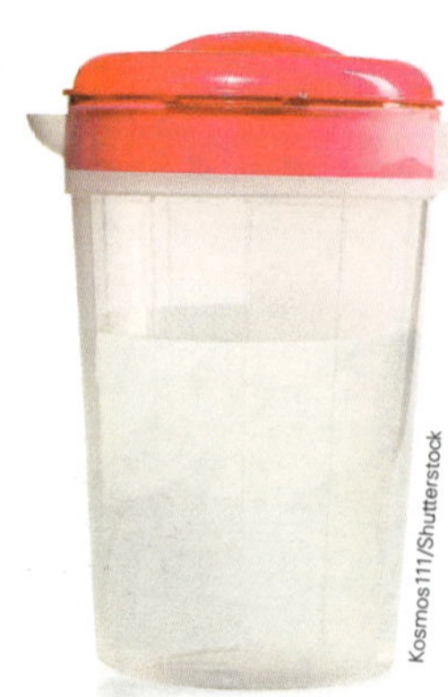

Kosmos111/Shutterstock

O plástico é um material bem resistente a choques.

1 Após ler com o professor o texto da página anterior, complete os esquemas abaixo:

VIDRO

pode ser usado para fazer

______________ ______________ ______________

COPO

pode ser feito com

______________ ______________ ______________

2 Associe cada objeto a pelo menos um material de que ele pode ser feito.

Os elementos representados nesta página não estão na mesma proporção de tamanho.

Africa Studio/Shutterstock

De2marco/Shutterstock

Lightofchairat/Shutterstock

Sergiy Kuzmin/Shutterstock

Yorkman/Shutterstock

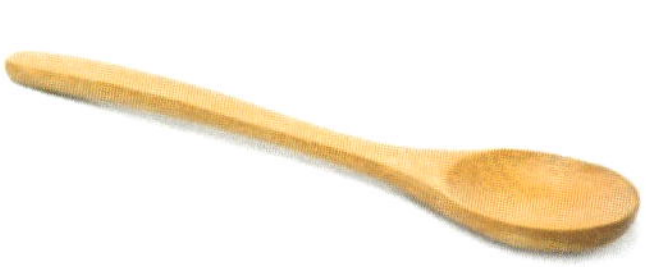

ULKASTUDIO/Shutterstock

BARRO

MADEIRA

METAL

TECIDO

VIDRO

PLÁSTICO

3 Junto com um colega, identifiquem para que servem e de que são feitos os objetos mostrados na imagem que está nesta página e na próxima. Depois, preencham os quadros apresentados a seguir.

Fernando Favoretto/Criar Imagem

Material	Pode ser usado para fazer...
barro (cerâmica)	azulejo, panela
metal	
plástico	
vidro	
madeira	

Objeto	Pode ser feito de...
copo	plástico, vidro
chaleira	barro (cerâmica), metal

4 Analise os brinquedos, os utensílios do lar e as roupas do mural abaixo. Depois, preencha o quadro indicando de que material esses objetos eram feitos antigamente e de que material costumam ser feitos hoje em dia.

Os elementos representados nesta página não estão na mesma proporção de tamanho.

SI_photo/Shutterstock

Objetos que usamos no dia a dia

	Do que era feito antigamente?
Boneca	
Carrinho	
Pião	
Ferro de passar	
Forma de gelo	
Roupa	
Panela	

Shutterstock/canbedone

Shutterstock/orion

Shutterstock/Raquel Leo Finez

Shutterstock/Zerbor

Elnur/Shutterstock

Shutterstock/Danny Smythe

Shutterstock/Ari N

Mouses Sagiorato/Arquivo da editora

5 Troque ideias com os colegas e responda às dúvidas das crianças que aparecem nesta página e na página anterior.

Os elementos representados nesta página não estão na mesma proporção de tamanho.

	Do que é feito hoje em dia?

Shutterstock/Michael Kraus

Shutterstock/MriMan

Shutterstock/nexus 7

Shutterstock/Daniela Migliorisi

Shutterstock/Stanislav Khokholkov

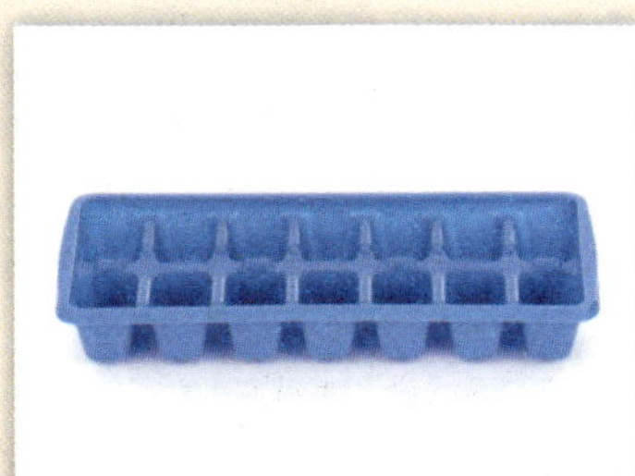
Shutterstock/Brian Mueller

Shutterstock/Chiyacat

Mouses Sagiorato/Arquivo da editora

Materiais elaborados

Vamos estudar materiais criados pelo ser humano a partir de outros materiais.

Você sabe de onde vem o vidro? E o papel?

O vidro e o papel são materiais que não existem prontos na natureza. Eles são elaborados pelo ser humano. Lendo o mural desta página e da página seguinte, você entenderá como eles são feitos.

Clearviewstock/Shutterstock

Vidro

Hoje em dia a maior parte dos vidros é feita com matérias-primas como areia, carbonato de sódio e calcário.

Acompanhe as etapas de fabricação artesanal de objetos de vidro.

1. A areia, o carbonato de sódio e o calcário são aquecidos em um forno especial a temperaturas muito altas.
2. Os materiais se unem e derretem, formando uma mistura mole de vidro líquido.
3. Enquanto está mole, o vidro pode ser moldado ou assoprado para formar diferentes objetos.
4. Conforme esfria, o vidro líquido endurece e... o objeto de vidro está pronto!

Dizemos que o vidro é um material elaborado porque não o encontramos pronto na natureza: é preciso fabricá-lo! E você já sabe: quem fabrica somos nós, os seres humanos.

Diyana Dimitrova/Shutterstock

Fotos: Maggee/Shutterstock

Maggee/Shutterstock

Aratti/Shutterstock

1 Nesta página e na página anterior, associe cada imagem com o trecho de texto que ela melhor ilustra.

Mouses Sagiorato/Arquivo da editora

Sugestão de...

Livro

De onde as coisas vêm? Anne-Sophie Baumann. São Paulo: Salamandra, 2001.

Papel

Agora vamos aprender como é feito o papel, outro material elaborado.

1. Árvores de eucalipto são plantadas em grandes extensões de terra.
2. As árvores são cortadas em pedaços.
3. Os pequenos pedaços de madeira são processados e transformados em uma polpa contendo fibras de celulose.
4. Com as fibras, são fabricados muitos rolos de papel. Depois, o papel é cortado e pode ter vários usos.

Kenneth Sponsler/Shutterstock

Tanapon Srisawad/Shutterstock

Marcos André/Opção Brasil I

Stockphotos/Latinstock

2 A **Enciclopédia digital das crianças** precisa novamente da sua ajuda. Nesta página e na página seguinte, termine de escrever os textos da enciclopédia, explicando os termos "matéria-prima" e "material elaborado".

Rvlsoft/Shutterstock

3 Use os termos do banco de palavras abaixo para completar os exemplos do texto da Enciclopédia nesta página e na página anterior.

carbonato de sódio	papel	vidro	madeira

11:30

Material elaborado

Alguns exemplos são: ______

e ______

VAMOS VER DE NOVO?

Neste capítulo você aprendeu que:

- Diferentes materiais podem ser usados como matéria-prima para a confecção de diferentes objetos.
- Barro, madeira e metal são alguns dos materiais encontrados na natureza.
- Vidro, papel e plástico são alguns dos materiais elaborados pelo ser humano.

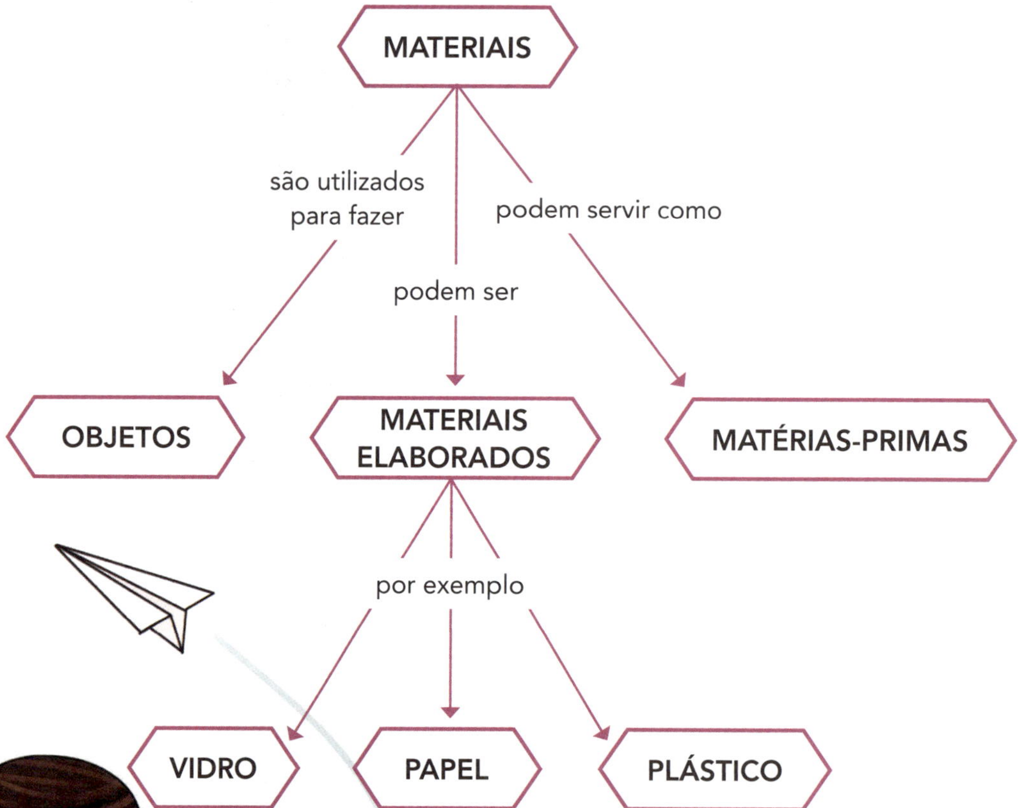

Mouses Sagiorato/Arquivo da editora

1 Com quais das frases abaixo você concorda? E de quais você discorda? Troque ideias com os colegas e proponham correções para as frases incorretas.

Ilustrações: Léo Fanelli/Arquivo da editora

2 Explique: O que é um material elaborado pelo ser humano?

____

____

3 No caderno, escreva um texto sobre cada item da cruzadinha, que já está resolvida. Em seus textos, procure explicar se o item é encontrado na natureza ou se é um material elaborado.

Os elementos representados nesta página não estão na mesma proporção de tamanho.

Topnatthapon/Shutterstock

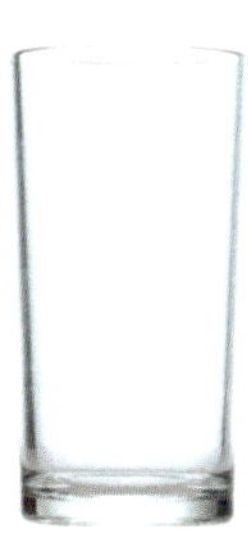

Napat/Shutterstock

Ekkapon/Shutterstock

Everything/Shutterstock

					1	
					B	
			2		A	
			M		R	
			A		R	
3	V	I	D	R	O	
			E			
			I			
			R			
	4	P	A	P	E	L

TECENDO SABERES

1 Como as pessoas que não enxergam fazem para ler? Leia o texto abaixo e descubra.

As pessoas que não enxergam também podem ler

Em 1829, aos 20 anos de idade, um francês chamado Louis Braille, cego desde os 3 anos, inventou um sistema para representar as letras do alfabeto.

No sistema **braile** (veja abaixo a representação gráfica desse sistema), cada letra corresponde a pequenas saliências no papel. Assim, ao passar a ponta dos dedos sobre o texto impresso em braile, uma pessoa que não enxerga consegue ler utilizando o tato.

Portanto, como os cegos não podem utilizar a visão, eles usam outro sentido para ler: o tato!

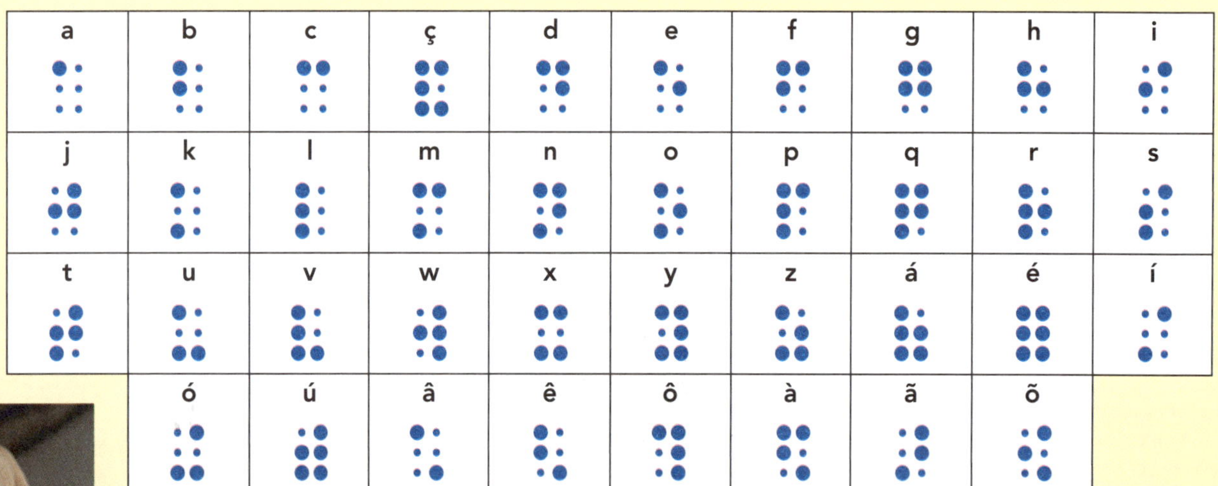

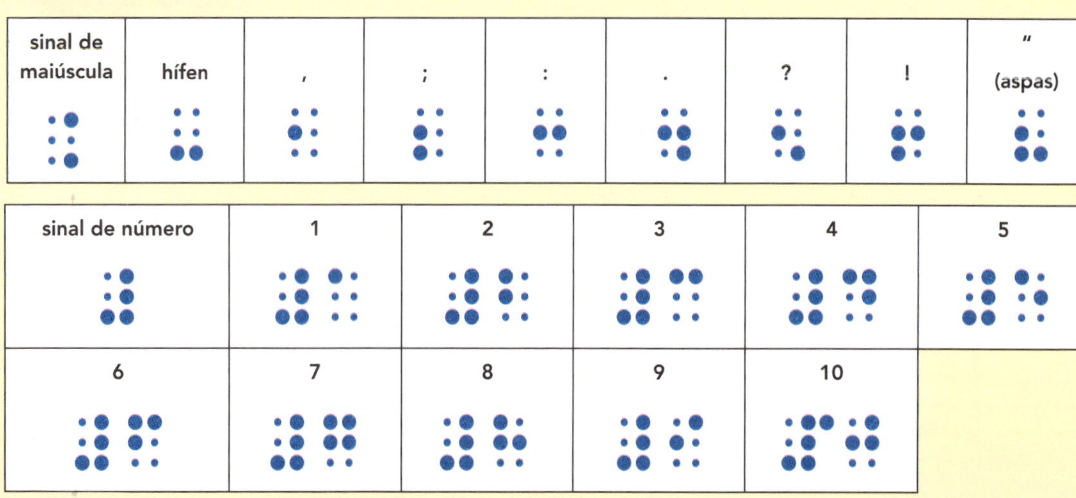

Stockphotos/Latinstock

2 É cada vez mais comum encontrar textos escritos em braile: em prédios públicos, em elevadores, no cardápio de muitos restaurantes, em diversas embalagens... Vamos tentar ler alguns desses textos?

- Com a ajuda de um adulto, encontre embalagens que possuam textos em braile.
- Examine uma embalagem e escolha uma palavra em braile. Represente-a abaixo, pintando os círculos necessários, como indica o exemplo ao lado. Escreva também a letra que corresponde a cada símbolo. No final, o que você consegue ler?

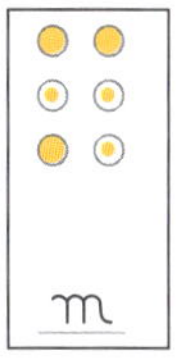

- Agora passe o dedo sobre o texto em braile da embalagem. Você consegue sentir as letras corretamente?

3 Na cidade representada abaixo, moram algumas pessoas cegas e outras com dificuldade de mobilidade.

a) Faça uma lista de modificações que podem ser feitas para melhorar a acessibilidade dessas pessoas.

b) Pinte o desenho de acordo com a legenda.

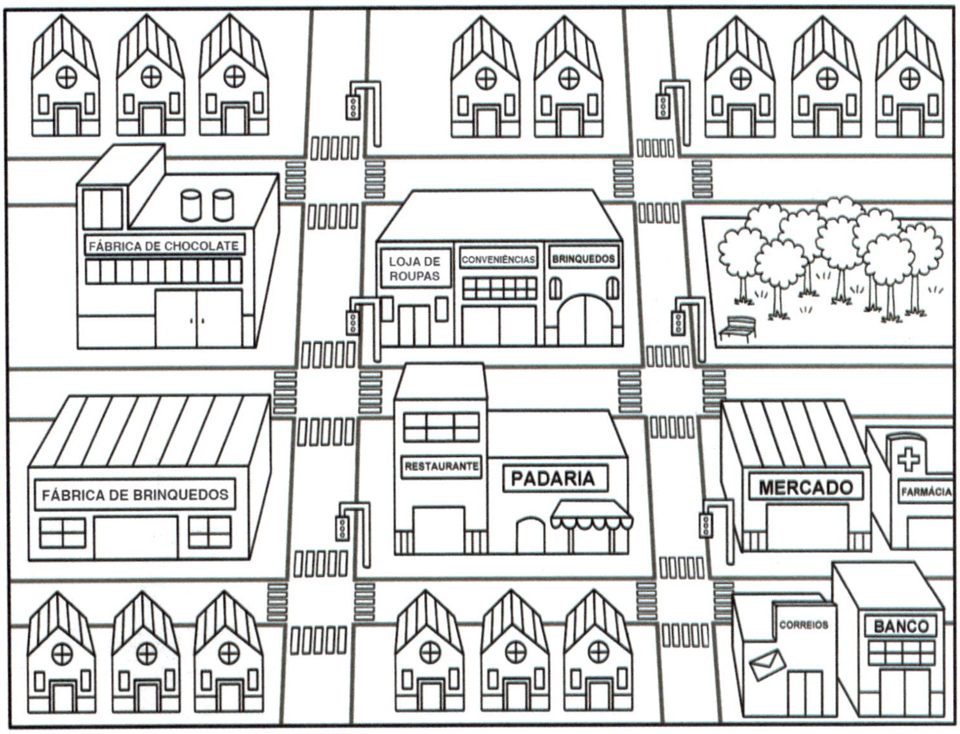

Léo Fanelli/Arquivo da editora

O QUE ESTUDAMOS

Nesta unidade:

- Conhecemos algumas invenções que nos ajudam a ver e ouvir melhor, e até mesmo a medir a temperatura.
- Vimos que diversos objetos são criados pelo ser humano.
- Estudamos que podemos criar estátuas de água e de outros materiais elaborados, que não existem na natureza.

Observe as imagens a seguir e relembre o que estudou. Depois, converse com os colegas e com o professor sobre o que você aprendeu nesta unidade que antes não sabia.

Registre suas ideias no caderno.

Você...

Risteski goce/Shutterstock

... aprendeu mais sobre a visão humana e conheceu algumas invenções que nos ajudam a ver melhor.

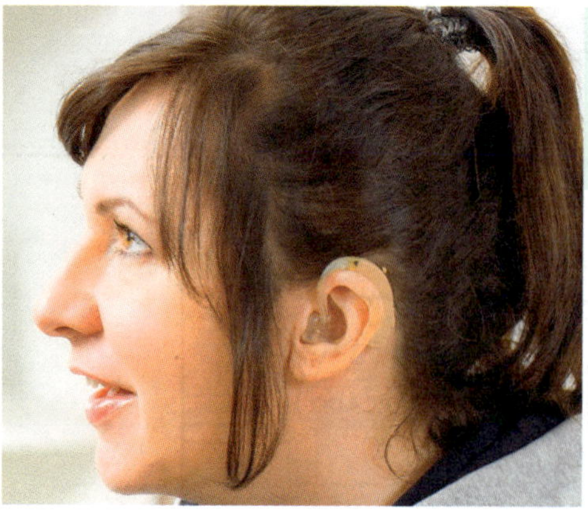
Monika Wisniewska/Shutterstock

... explorou a audição humana e conheceu algumas invenções que nos ajudam a ouvir melhor.

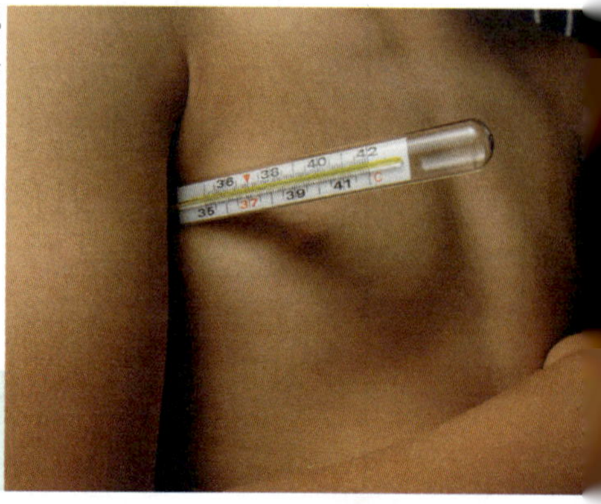
Thinkstock/Getty Images

... conheceu o termômetro e aprendeu a tomar medidas de temperatura.

Olga Vasilyeva/Shutterstock

... estudou transformações pelas quais a água pode passar e conheceu os diferentes estados físicos da água.

... aprendeu que materiais com diferentes características podem ser usados para fazer diversos objetos do dia a dia.

Sérgio Dotta Jr./Arquivo da editora

Maggee/Shutterstock

... aprendeu que o vidro e o papel, por exemplo, são materiais elaborados pelo ser humano.

Folheie as páginas anteriores e reflita sobre valores, atitudes e o que você sentiu e aprendeu nesta unidade.

- Você gostou de conhecer e de usar o alfabeto em Libras? Qual a sua opinião sobre essa invenção?
- Você conhece pessoas que tenham algum tipo de deficiência visual ou auditiva? O que você pode fazer para melhorar o dia a dia dessas pessoas?
- Considerando tudo o que você estudou em Ciências neste ano, quais assuntos você ficou com vontade de investigar e explorar mais?

GLOSSÁRIO

A

Abrigo P. 33

Lugar natural ou construído que protege um ser vivo de ações do tempo, como chuvas, vento e frio, e de outros perigos, como ataques de predadores.

Os seres humanos e alguns outros animais, como o joão-de-barro, podem construir seus próprios abrigos.

Blickwinkel/Alamy/Latinstock

Agrônomo P. 28

Profissional que estuda o solo e o clima, e desenvolve técnicas para melhorar o cultivo de plantas e a criação de animais.

O agrônomo pode indicar se as condições do solo são adequadas para o desenvolvimento de um determinado tipo de planta ou se um tipo de planta é adequado como alimento para animais como cavalos, bois ou porcos.

Fotokostic/Shutterstock

Ambientalista P. 28

Pessoa que atua na proteção do meio ambiente e se preocupa em saber como ele é afetado pelas ações humanas.

Algumas das ações dos ambientalistas são combater o tráfico de animais e conscientizar as pessoas sobre a importância de proteger as florestas.

Astrônomo P. 102

Profissional que estuda o Universo: os planetas, as estrelas, a Lua, etc.

Os astrônomos observam o céu a olho nu e com instrumentos especiais, como telescópios e lunetas.

Sunti/Shutterstock

B

Bem-estar P. 66

Conjunto de práticas que gera a sensação de segurança, tranquilidade e conforto.

Práticas que geram bem-estar são, por exemplo, ter alimentação balanceada, fazer atividades físicas e ter uma boa relação com a família e os amigos.

Boletim meteorológico P. 124

Informativo transmitido pelo rádio, pela televisão ou pelos jornais, em intervalos regulares, sobre as condições do tempo de determinada área ou região.

É possível acompanhar a mudança de tempo em uma região pelos boletins meteorológicos.

Giz de cera/Arquivo da editora

C

Carbonato de sódio P. 174

Composto químico usado no processo de fabricação de sabões, detergentes, tinturas e outros produtos, como o vidro.

O carbonato de sódio é muito usado na indústria química.

Carteira de vacinação P. 78

Documento emitido por postos e outras unidades de saúde que certifica o tipo de vacina e a data em que uma pessoa foi vacinada.

É recomendado que animais de estimação, como cães e gatos, também tenham suas carteiras de vacinação.

Alexandre Tokitaka/Pulsar Imagens

Celeste P. 101

O que está ou aparece no céu.

As estrelas e os planetas são exemplos de corpos celestes.

Celulose P. 175

Substância fibrosa extraída de plantas.

A celulose é matéria-prima da indústria de papel e de tecidos.

Comunidade P. 16

Grupo de pessoas ou animais que ocupam um lugar e compartilham algumas características, como cultura, história ou relações com o ambiente.

Uma comunidade de seres humanos pode ser uma aldeia, um bairro, uma cidade, entre outros.

D

Digestão P. 60

Processo pelo qual o alimento é transformado e absorvido pelo organismo.

Alimentos ricos em fibras, como verduras e frutas, facilitam a digestão e fazem bem à saúde.

monticello/Shutterstock

E

Ecolocalização P. 119

Sentido que permite a um animal perceber o ambiente ao seu redor. O animal emite ondas sonoras no ambiente e forma imagens por meio dos ecos recebidos. Pode ser usado em situações de baixa visibilidade, auxiliando na locomoção e na busca de alimentos.

Golfinhos e morcegos são capazes de perceber o ambiente por meio da ecolocalização.

Merlin D. Tuttle/Science Source/Fotoarena

Embrião P. 38

Ser vivo em sua fase inicial de desenvolvimento. Nas plantas o embrião desenvolve-se no interior da semente.

O embrião das aves desenvolve-se dentro do ovo. Já o embrião dos mamíferos desenvolve-se no útero da mãe.

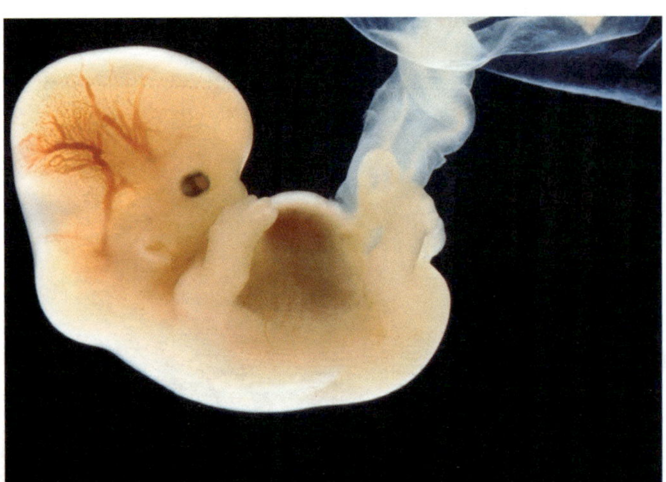

Neil Harding/The Image Bank/Getty Images

Embrião humano com cerca de seis semanas.

Enfermeiro P. 71

Profissional que cuida da saúde das pessoas, saudáveis ou doentes, ajudando-as na prevenção ou no tratamento de doenças.

Os enfermeiros trabalham com os médicos no atendimento a pessoas que estão em um hospital ou posto de saúde.

Esgoto P. 28

Canalização, geralmente subterrânea, por onde corre a água e os dejetos gerados nas casas em atividades como limpeza de roupas e louça, banho e descarga do vaso sanitário.

Antes de ser lançado no mar ou nos rios, o esgoto precisa receber tratamento para não poluir as águas.

Estrela P. 100

Corpo celeste que tem luz própria.

Em uma noite sem nuvens, é possível observar a olho nu muitas estrelas no céu.

Procy/Shutterstock

Exame audiométrico P. 148

Exame clínico que avalia a capacidade do paciente em ouvir sons. Os resultados indicam se há perda auditiva e, quando há, o tipo e o grau de perda.

O exame audiométrico deve ser feito por um fonoaudiólogo ou por um médico otorrinolaringologista, profissionais habilitados a realizá-lo e avaliar o resultado.

F

Ferimento superficial
P. 72

Pequeno corte, perfuração ou abrasão que atinge somente a camada mais superficial da pele.

Esse tipo de ferimento também precisa de cuidados adequados, para evitar infecções ou outras complicações.

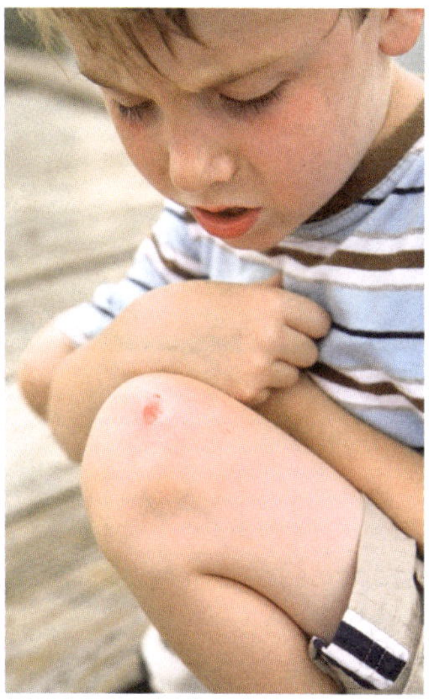

Suzanne Tucker/Shutterstock

Fibra
P. 175

Estrutura semelhante a um fio longo e fino.
As fibras podem ser encontradas em animais e vegetais ou podem ser fabricadas pelo ser humano.

As fibras de sisal são aproveitadas para a fabricação de cordas (fotografia), capachos e tapetes.

MyImages - Micha/Shutterstock

Floresta Amazônica
P. 13

Paisagem característica que cobre quase toda a região Norte do Brasil, parte das regiões Nordeste e Centro-Oeste, além de parte de outros países da América do Sul, como Bolívia, Peru e Venezuela.

A onça-pintada, o tucano e a arara-canindé são alguns dos animais que vivem na Floresta Amazônica.

Anan Kaewkhammul/Shutterstock

Scanrail1/Shutterstock

Tracy Starr/Shutterstock

G

Geada
P. 130

Fenômeno meteorológico em que pequenas gotas formadas com a umidade do ar, o orvalho, congelam-se sobre as superfícies de plantas, telhados e carros em razão da queda de temperatura.

É comum a ocorrência de geadas no sul do Brasil, onde as temperaturas costumam ser baixas em algumas épocas do ano.

Fabio Colombini/Acervo do fotógrafo

Germinação P. 38

Início do desenvolvimento e crescimento de um organismo vegetal. Em muitas plantas a germinação acontece a partir de uma semente.

Para germinar, as sementes precisam de condições favoráveis, principalmente de temperatura e de umidade.

Bogdan Wankowicz/Shutterstock

Governante P. 28

Pessoa responsável por tomar as decisões ou auxiliar na administração de um determinado lugar, como uma cidade ou um país.

Exemplos de governantes são prefeitos, governadores e presidentes.

H

Habitação P. 12

Lugar natural ou construído onde uma pessoa ou um animal vivem.

A habitação pode ser desde uma caverna até uma casa com paredes e telhado.

Eric Pasquali/Shutterstock

L

Lua P. 102

Corpo celeste que não tem luz própria, apenas reflete a luz do Sol. A Lua é o satélite natural do planeta Terra e gira em volta dele.

No céu podemos ver a Lua em quatro fases diferentes: minguante, nova, crescente e cheia (fotografia).

Claudio Divizia/Shutterstock

Luneta P. 146

Instrumento de observação a grandes distâncias.

A luneta astronômica é usada para a observação de astros, e a luneta terrestre, para a observação da superfície da Terra.

ProstoSvet/Shutterstock

M

Mata Atlântica P. 28

Paisagem característica que se estendia por grande parte do litoral do Brasil, do estado do Rio Grande do Norte ao estado do Rio Grande do Sul. Atualmente, a Mata Atlântica está bastante devastada.

A Mata Atlântica possui uma enorme variedade de vegetais e de animais. O mico-leão-dourado é um de seus habitantes.

Edwin Butter/Shutterstock

Matéria-prima P. 174

Aquilo que é fundamental para a fabricação de um produto.

O couro é uma matéria-prima que pode ser usada na fabricação de bolsas e sapatos.

Ruslan Kudrin/Shutterstock

Muda P. 43

Planta jovem ou parte de uma planta mais velha que é retirada para ser plantada em outro lugar.

A muda geralmente tem mais chances de se adaptar a um lugar novo e sobreviver do que uma semente.

Amenic181/Shutterstock

N

Nutrientes P. 33

Elementos necessários para o metabolismo de um ser vivo.

Os nutrientes que precisamos para que nosso corpo funcione bem estão nos alimentos que comemos.

O

Oftalmologista P. 144

Médico especializado no tratamento dos olhos.

O oftalmologista trata pessoas que apresentam problemas de visão.

P

Pantanal P. 17

Paisagem localizada nos estados de Mato Grosso e Mato Grosso do Sul e que fica quase toda coberta de água nos meses de janeiro a junho.

O Pantanal apresenta uma enorme variedade de plantas e de animais. O tuiuiú é a ave-símbolo dessa paisagem.

Ondrej Prosicky/Shutterstock

Planeta P. 102

Corpo celeste que não tem luz própria e que gira em volta de uma estrela.

O planeta Terra gira em torno do Sol, que é uma estrela.

Stocktrek Images/Getty Images

Previsão do tempo P. 125

Descrição detalhada das condições de tempo futuras, baseada no uso de equipamentos tecnológicos e modelos científicos.

Para fazer a previsão do tempo, o meteorologista precisa obter informações sobre parâmetros atmosféricos, como chuvas e temperatura.

R

Radiografia P. 72

Imagem obtida por meio de um aparelho de raios X.

O médico geralmente pede uma radiografia para verificar se algum osso de nosso corpo está fraturado.

barneyboogles/CanStockPhoto

Recuperação de áreas naturais P. 28

Ação do ser humano que tem como objetivo restabelecer o aspecto original de uma área degradada. Está geralmente ligada ao plantio de determinadas espécies vegetais na área em questão.

O araçá é uma árvore que pode ajudar na recuperação de áreas de Mata Atlântica, além de produzir frutos que podem ser usados para fazer sucos, geleias e doces.

NANCY AYUMI KUNIHIRO/Shutterstock

Reprodução P. 36

Processo biológico por meio do qual um organismo dá origem a novos organismos, seus descendentes.

Alguns animais, incluindo o ser humano, quando se reproduzem, podem gerar descendentes semelhantes.

Peter Kniez/Shutterstock

S

Secreção P. 88

Produção e liberação de substâncias pelas células de um organismo.

Alguns exemplos de secreção são: saliva, suor e lágrimas.

Andrey Chuzhinov/Shutterstock

Semeadura P. 37

Ação de espalhar sementes para que germinem na terra ou na água.

Durante a semeadura, é comum deixar algum espaço entre as sementes para que a planta possa germinar e se desenvolver.

Paulaphoto/Shutterstock

Seres vivos P. 25

Organismos que nascem, crescem, podem se reproduzir e morrem.

Todos os animais e plantas são seres vivos.

Sol P. 82

Estrela em torno da qual a Terra e outros corpos celestes giram.

É o Sol que aquece e ilumina o planeta Terra.

Matt Tilghman/Shutterstock

Solo P. 33

Parte da superfície da Terra formada por material rochoso fragmentado e restos de seres vivos.

É no solo que as minhocas vivem.

D. Kucharski K. Kucharska/Shutterstock

Substância P. 160

Tipo de matéria cujas partes têm a mesma composição química e as mesmas propriedades. As substâncias não podem ser separadas ou purificadas por determinados processos, como a peneiração.

Andrey_Kuzmin/Shutterstock

A água é uma substância que pode se apresentar em diferentes estados físicos.

V

Vacina P. 70

Substância que é introduzida no corpo de uma pessoa ou animal para criar imunidade a uma doença ou para curar uma infecção que já existe.

Algumas vacinas devem ser tomadas quando a pessoa ainda é criança ou jovem, mas outras podem ser tomadas ao longo da vida.

Vagem P. 38

Fruto que abriga as sementes de algumas plantas.

As sementes de feijão e as de ervilha ficam protegidas dentro da vagem.

Sergiy Kuzmin/Shutterstock

BIBLIOGRAFIA

ACOT, P. ***História da Ecologia***. Rio de Janeiro: Campus, 1990.

ALIBERT-KOURAGUINE, D.; GORDE, M. ***As grandes invenções:* respostas a pequenas curiosidades**. São Paulo: Scipione, 1997.

AMABIS, J. M.; MARTHO, G. R. ***Investigando o corpo humano***. São Paulo: Scipione, 2004.

BARRETO, E. S. S. (Org.). ***Os currículos do Ensino Fundamental para as escolas brasileiras***. 2. ed. Campinas: Autores Associados, 2000.

BARROSO, C.; BRUSCHINI, C. ***Sexo e juventude:* como discutir a sexualidade em casa e na escola**. 7. ed. São Paulo: Cortez, 2002.

BENLLOCH, M. ***Por un aprendizaje constructivista de las Ciencias***. Madrid: Visor Distribuciones, 1984.

BERNA, V. ***Como fazer educação ambiental***. São Paulo: Paulus, 2001. (Coleção Pedagogia e Educação).

BRANCO, S. M. ***O meio ambiente em debate***. 3. ed. São Paulo: Moderna, 2004. (Coleção Polêmica).

BRASIL. Ministério da Educação. Secretaria de Educação Fundamental. ***Base Nacional Comum Curricular (BNCC) – Ciências da Natureza***. Brasília, 2017.

__________. Ministério da Educação. Secretaria de Educação Fundamental. ***Parâmetros Curriculares Nacionais:* primeiro e segundo ciclos do Ensino Fundamental: Ciências Naturais**. Brasília, 1996.

__________. ***Parâmetros Curriculares Nacionais:* terceiro e quarto ciclos do Ensino Fundamental: Ciências Naturais**. Brasília: 1997.

CAMPOS, M. C. C.; NIGRO, R. G. ***Didática de Ciências:* o ensino-aprendizagem como investigação**. São Paulo: FTD, 2004.

CARVALHO, A. M. P. et al. ***Ciências no Ensino Fundamental:* o conhecimento físico**. São Paulo: Scipione, 1998.

__________; GIL-PÉRES, D. ***Formação de professores de Ciências:* tendências e inovações**. 10. ed. São Paulo: Cortez, 2011. v. 26. (Coleção Questões da Nossa Época).

CAVALCANTI, C. (Org.). ***Desenvolvimento e natureza:* estudos para uma sociedade sustentável**. 3. ed. São Paulo: Cortez, 2001.

CAVALCANTI, Z. (Coord.). ***Trabalhando com História e Ciências na Pré-Escola***. Porto Alegre: Artmed, 1995.

COLEÇÃO As Origens do Saber da Natureza. São Paulo: Melhoramentos, 1994.

COLEÇÃO Aventura Visual. Rio de Janeiro: Globo, 1990.

COLEÇÃO Ciência Divertida. São Paulo: Melhoramentos, 1999.

COLEÇÃO Ciência e Natureza. Rio de Janeiro: Time Life-Abril Livros, 1995.

COLEÇÃO Enciclopédia da Vida Selvagem Larousse. Barcelona: Altaya, 1997.

COLEÇÃO Guia Prático de Ciências. Rio de Janeiro: Globo, 1994.

COLEÇÃO Jovem Cientista. Rio de Janeiro: Globo, 1996.

COLEÇÃO Mundo Incrível. Rio de Janeiro: Globo, 1998.

COLEÇÃO Projeto Ciência. São Paulo: Atual, 2016.

COLEÇÃO Tesouros da Terra: Minerais e pedras preciosas. Rio de Janeiro: Globo, 1996.

COLL, C.; TEBEROSKY, A. ***Aprendendo Ciências:* conteúdos essenciais para o Ensino Fundamental de 1ª a 4ª série**. São Paulo: Ática, 2000.

CORSON, W. H. ***Manual global de Ecologia***. São Paulo: Augustus, 1996.

DELIZOICOV, D.; ANGOTTI, J. A.; PERNAMBUCO, M .M. ***Ensino de Ciências:* fundamentos e métodos**. São Paulo: Cortez, 2002. (Coleção Docência em Formação).

DIAS, G. F. ***Atividades interdisciplinares de educação ambiental***. 2. ed. São Paulo: Global, 2006.

GUIMARÃES, I. ***Educação sexual na escola:* mito e realidade**. Campinas: Mercado das Letras, 1995.

HERMAN, M. L. et al. ***Orientando a criança para amar a Terra***. 2. ed. São Paulo: Augustus, 2002.

KOHL, M. A. F.; POTTER, J. ***Descobrindo a Ciência pela arte:* propostas de experiências**. Porto Alegre: Artmed, 2003.

KRASILCHIK, M. ***Prática de ensino de Biologia***. 4. ed. São Paulo: Edusp, 2004.

LEPSCH, I. F. ***Solos:* formação e conservação**. 2. ed. São Paulo: Melhoramentos, 2010.

MASSARANI, L. (Org.). ***O pequeno cientista amador:* a divulgação científica e o público infantil**. Rio de Janeiro: Casa da Ciência/UFRJ/Museu da Vida/Fiocruz/Vieira & Lent, 2005.

NOVAK, J. D.; GOWIN, D. B. ***Aprendiendo a aprender***. Barcelona: Martínez Roca, 1988.

OLIVEIRA, R. C. S.; KARA-JOSÉ, N.; ARIETA, C. E. L. ***Manual da boa visão do escolar:* solucionando dúvidas sobre o olho e a visão**. 2. ed. São Paulo: Conselho Regional de Oftalmologia, 2001.

PARKER, S. ***Química simples***. São Paulo: Melhoramentos, 1998.

PARQUES Nacionais do Brasil. 2. ed. São Paulo: Empresa das Artes, 2003. (guias Philips).

PIQUÉ, M. P. R.; BRITO, J. F. ***Atlas escolar de Botânica***. São Paulo: Ícone, 1996.

RONAN, C. A. ***História ilustrada da Ciência***. Rio de Janeiro: Jorge Zahar, 1987.

THE EARTHWORKS Groups. ***50 coisas simples que você pode fazer para salvar a Terra***. Rio de Janeiro: José Olympio, 2005.

VYGOTSKY, L. S. ***Pensamento e linguagem***. São Paulo: Martins Fontes, 1987.

WALDMAN, M.; SCHNEIDER, D. ***Guia ecológico doméstico***. São Paulo: Contexto, 2000.

WEISSMANN, H. (Org.). ***Didática de Ciências Naturais:* contribuições e reflexões**. Porto Alegre: Artmed, 1998.

Ciências

Projeto Ápis

2º ano

Ciências e Linguagem

editora ática

QUE TAL MAIS UM DESAFIO?

VOCÊ COSTUMA LER HISTÓRIAS? PRESTA ATENÇÃO NA LETRA DAS MÚSICAS QUE CANTA? GOSTA DE POEMAS?

NESTE COMPLEMENTO, VOCÊ VAI ENCONTRAR ALGUMAS HISTÓRIAS, LETRAS DE MÚSICA E POEMAS QUE ABORDAM ASSUNTOS RELACIONADOS AO QUE VOCÊ ESTUDOU EM CIÊNCIAS DURANTE ESTE ANO. DESSA MANEIRA, AO MESMO TEMPO QUE VOCÊ LÊ E CANTA, PODERÁ REVER AQUILO QUE APRENDEU.

NO FINAL, VOCÊ SERÁ CONVIDADO A TRABALHAR COM OS COLEGAS DE SALA PARA ORGANIZAR UMA COLETÂNEA DE HISTÓRIAS, LETRAS DE MÚSICA E POEMAS. SERÁ UMA COLETÂNEA QUE TRATARÁ DE TEMAS QUE VOCÊS ESTUDARAM NESTE ANO.

HOZart Estúdio/Arquivo da editora

QUE TAL PRESTAR ATENÇÃO EM ALGUMAS CARACTERÍSTICAS DE HISTÓRIAS, LETRAS DE MÚSICA E POEMAS?

NESTA PÁGINA E NAS PRÓXIMAS, VOCÊ VAI ENCONTRAR TRÊS TEXTOS: O TRECHO INICIAL DE UMA HISTÓRIA, A LETRA DE UMA MÚSICA E UM POEMA. SINALIZAMOS, À MARGEM DOS TRÊS TEXTOS, SUAS PRINCIPAIS PARTES. ASSIM, QUANDO VOCÊ FOR ESCREVER SUAS HISTÓRIAS, SUAS LETRAS DE MÚSICA E SEUS POEMAS, PODERÁ VERIFICAR SE NÃO SE ESQUECEU DE NENHUMA DESSAS PARTES.

JOÃO E O PÉ DE FEIJÃO

O **TÍTULO** É O NOME DO TEXTO.

UM DIA A MÃE DE JOÃO CHAMOU-O PARA UMA CONVERSA:

— MENINO, ESTAMOS PRECISANDO DE DINHEIRO. VÁ ATÉ O MERCADO E VENDA ESSA NOSSA VAQUINHA.

A **INTRODUÇÃO** É O COMEÇO DO TEXTO. EM GERAL, SITUA A HISTÓRIA NO TEMPO E NO ESPAÇO, APRESENTA AS PERSONAGENS E REVELA A SITUAÇÃO OU O PROBLEMA QUE VÃO ENFRENTAR.

Ideário LAB/Arquivo da editora

NO CAMINHO PARA O MERCADO, JOÃO ENCONTROU UM HOMEM QUE LHE FEZ UMA OFERTA IRRESISTÍVEL:

— ESSES GRÃOS DE FEIJÃO SÃO MÁGICOS! ELES SÃO MUITO VALIOSOS! VOCÊ NÃO QUER TROCAR A SUA VAQUINHA POR ELES?

E JOÃO ACABOU POR ACEITAR A OFERTA, CRENTE DE QUE HAVIA FEITO UM ÓTIMO NEGÓCIO. MAS, QUANDO CHEGOU EM CASA, SUA MÃE, FURIOSA, LHE DISSE:

— MENINO, O QUE VAMOS FAZER COM ESSES FEIJÕES? ELES NÃO SERVEM PARA NADA!

E JOGOU OS GRÃOZINHOS PELA JANELA.

NO DIA SEGUINTE, JOÃO AINDA ESTAVA MUITO CHATEADO. ELE ACORDOU BEM CEDO, OLHOU PELA JANELA POR ONDE SUA MÃE HAVIA JOGADO OS GRÃOZINHOS E SE ESPANTOU:

— NOSSA! DAQUELES GRÃOZINHOS QUE MAMÃE JOGOU PELA JANELA BROTOU ESSE IMENSO PÉ DE FEIJÃO! ELE É TÃO ALTO QUE... CHEGA LÁ NO CÉU!

COMO ERA DADO A AVENTURAS, O MENINO NÃO PENSOU DUAS VEZES E COMEÇOU A SUBIR PELO PÉ DE FEIJÃO GIGANTE. QUANDO CHEGOU LÁ EM CIMA...

O **DESENVOLVIMENTO** É A PARTE DA HISTÓRIA EM QUE PERSONAGENS VIVEM A SITUAÇÃO OU O PROBLEMA APRESENTADOS NA INTRODUÇÃO.

A **CONCLUSÃO** É O FIM DA HISTÓRIA. NESSA PARTE, NÓS FICAMOS SABENDO COMO OS PERSONAGENS ENFRENTARAM A SITUAÇÃO OU O PROBLEMA. AQUI NÃO APRESENTAMOS O FINAL DA HISTÓRIA DE JOÃO. QUE TAL VOCÊ LER UMA VERSÃO COMPLETA DELA PARA FICAR SABENDO O QUE ACONTECE?

JOÃO E O PÉ DE FEIJÃO, CONTO DO FOLCLORE INGLÊS.

ANIVERSÁRIO

TÍTULO

HOJE EU SINTO QUE CRESCI BASTANTE
HOJE EU SINTO QUE ESTOU MUITO GRANDE
SINTO MESMO QUE SOU UM GIGANTE
DO TAMANHO DE UM ELEFANTE

CADA LINHA DO TEXTO É CHAMADA DE **VERSO**.

É QUE HOJE É MEU ANIVERSÁRIO
E QUANDO CHEGA MEU ANIVERSÁRIO
EU ME SINTO BEM MAIOR
BEM MAIOR, BEM MAIOR, BEM MAIOR
DO QUE EU ERA ANTES

A **ESTROFE** É UM CONJUNTO DE VERSOS.

HOJE EU SINTO QUE CRESCI BASTANTE
HOJE EU SINTO QUE ESTOU MUITO GRANDE
SINTO MESMO QUE SOU UM GIGANTE
DO TAMANHO DE UM ELEFANTE

AS **RIMAS** SÃO FORMADAS POR SONS IGUAIS OU PARECIDOS QUE SE REPETEM, EM GERAL, NO FIM DOS VERSOS. DÃO RITMO E SONORIDADE À LETRA DA MÚSICA.

É QUE HOJE É MEU ANIVERSÁRIO
E QUANDO CHEGA MEU ANIVERSÁRIO
EU ME SINTO BEM MAIOR
BEM MAIOR, BEM MAIOR, BEM MAIOR
DO QUE EU ERA ANTES

HQZart Estúdio/Arquivo da editora

SANDRA PERES E PAULO TATIT.
DVD **PALAVRA CANTADA** – 10 ANOS.
SÃO PAULO: PALAVRA CANTADA, 2004.

PAPAGAIO-VERDADEIRO

MORO AINDA
NESTE OVO
BEM DURINHO
E PARADÃO.

MAS CÁ DENTRO
ESTOU VIVINHO
E JÁ BATUCA
UM CORAÇÃO.

QUEM ESPERAR
UM TEMPINHO
PODERÁ
ME CONHECER.

LOGO QUEBRO
ESSA CASCA.
E O QUE TODOS
VÃO DIZER?

UM PAPAGAIO!

QUE LINDO QUE ELE É!
DÁ O PÉ, LOURO. DÁ O PÉ...

NOS POEMAS, AS **RIMAS** TAMBÉM DÃO RITMO E SONORIDADE AO TEXTO.

JOSÉ SANTOS E LAURABEATRIZ. **RIMAS DA FLORESTA:** POESIA PARA ANIMAIS AMEAÇADOS PELO HOMEM. SÃO PAULO: PEIRÓPOLIS, 2007. (COLEÇÃO BICHO-POEMA).

Ideário LAB/Arquivo da editora

1 LEIA A LETRA DESTA CANÇÃO.

IGREJINHA

ESTA É A IGREJINHA
ABRE A JANELINHA, DEIXA O SOL ENTRAR
PERTO DA IGREJA TEM UMA ÁRVORE
E OS PASSARINHOS POUSAM NELA ASSIM
PERTO DA ÁRVORE TEM UMA PONTE
E POR BAIXO DELA CORRE UM RIO ASSIM
FECHE A JANELINHA QUE JÁ VAI CHOVER
CHUÁ, CHUÁ, CHUÁ

CANTIGA POPULAR.

HQZart Estúdio/Arquivo da editora

2 AGORA, ANALISE A CANÇÃO E REVEJA O QUE VOCÊ ESTUDOU NESTE ANO.

A) DÊ UM NOVO TÍTULO PARA A CANÇÃO. NO SEU TÍTULO, PROCURE USAR A PALAVRA **CAMPO** OU A PALAVRA **CIDADE**.

____

____

B) FAÇA UM DESENHO MOSTRANDO COMO VOCÊ IMAGINA QUE É O AMBIENTE DESCRITO NA CANÇÃO.

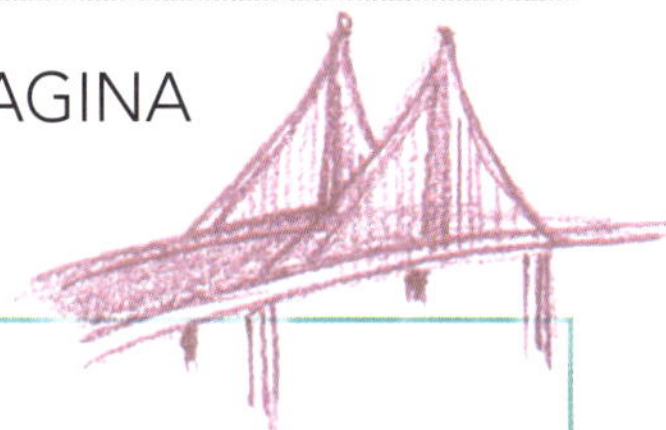

Banco de Imagens/Arquivo da editora

C) RELEIA A LETRA DA CANÇÃO SUBSTITUINDO A PALAVRA **PONTE** POR ALGUMA OUTRA MODIFICAÇÃO QUE O SER HUMANO PODERIA TER INTRODUZIDO NO AMBIENTE.

3 LEIA O POEMA A SEGUIR.

LAGARTIXA-DA-AREIA

BOM MESMO
É VIVER OLHANDO O MAR.
O VAIVÉM DO SOL,
DAS ONDAS, DO LUAR.

SE EU FOSSE UMA SEREIA,
ENFEITIÇARIA TODO MUNDO.

SE EU FOSSE UMA BALEIA,
MERGULHARIA LÁ NO FUNDO.

MAS SOU FELIZ ASSIM.
DIGO DE BOCA CHEIA:
BOM PARA MIM
É MORAR NA PRAIA
E BRINCAR NA AREIA.

LALAU E LAURABEATRIZ. **BEM BRASILEIRINHOS**. SÃO PAULO: COSAC NAIFY, 2004.

Luiz Claudio Marigo/Tyba

Ideário LAB/Arquivo da editora

4 AGORA, ANALISE O POEMA E REVEJA O QUE VOCÊ ESTUDOU NESTE ANO.

A) DE QUE OU DE QUEM FALA O POEMA? COMO VOCÊ SABE?

____

B) O POEMA CITA OUTROS SERES: UM REAL E UM IMAGINÁRIO. QUAIS SÃO ELES?

SER REAL: ______________________________________.

SER IMAGINÁRIO: ________________________________.

C) O NOME DESSES SERES FORMA RIMAS COM OUTRAS PALAVRAS DO POEMA. CIRCULE NO TEXTO AS PALAVRAS QUE FORMAM ESSAS RIMAS.

____

D) O QUE A LAGARTIXA-DA-AREIA GOSTA DE FAZER NO LUGAR ONDE VIVE? ESCREVA NAS LINHAS ABAIXO.

____

____

E) VOCÊ JÁ VIU UMA LAGARTIXA DOMÉSTICA, DAQUELAS QUE ANDAM PELAS PAREDES, CAÇANDO INSETOS? É BOM OU RUIM TER UMA DESSAS EM CASA? CONVERSE COM OS COLEGAS.

F) LEIA O TEXTO A SEGUIR.

APESAR DO NOME, A LAGARTIXA-DA-AREIA NÃO É UMA VERDADEIRA LAGARTIXA, MAS UM PEQUENO LAGARTO, TAMBÉM CHAMADO DE LAGARTINHO-DA-PRAIA. ELE GOSTA DE COMER BESOUROS, FORMIGAS E LARVAS DE OUTROS INSETOS, ALÉM DE PARTES DE PLANTAS, COMO FOLHAS E FLORES.

ESSE PEQUENO ANIMAL SÓ EXISTE EM ALGUMAS ÁREAS DE PRAIA DO RIO DE JANEIRO E PODE DEIXAR DE EXISTIR PARA SEMPRE, POIS SEU AMBIENTE NATURAL ESTÁ DESAPARECENDO COM A DESTRUIÇÃO DA VEGETAÇÃO DAS PRAIAS PARA A CONSTRUÇÃO DE PRÉDIOS, QUADRAS ESPORTIVAS E BARRACAS DE PRAIA.

- DESENHE EM UMA FOLHA AVULSA A LAGARTIXA-DA-AREIA EM SEU AMBIENTE E A PRINCIPAL AMEAÇA À SUA SOBREVIVÊNCIA.

5 LEIA AGORA ESTE OUTRO POEMA.

A PORTEIRINHA

SETE ANOS JÁ FIZESTE.
QUANDO FUI TE VISITAR
FIQUEI ENCANTADO A OLHAR
— COM O SORRISO QUE ME DESTE —
UMA LINDA PORTEIRINHA EM TEUS DENTES DE RATO.
MAS NEM DEVES FICAR TRISTE,
DEIXA DE LADO O RECATO.
DEVES ATÉ TIRAR RETRATO SORRINDO ASSIM LINDAMENTE.
FARÁ BEM A TODA GENTE!
NUM MUNDO TÃO MASCARADO
O SORRISO MAIS SINCERO É O SORRISO DESDENTADO.

MARIO QUINTANA. **LILI INVENTA O MUNDO**. SÃO PAULO: GLOBAL, 2005.

Ideário LAB/Arquivo da editora

6 AGORA, ANALISE O POEMA E REVEJA O QUE VOCÊ ESTUDOU NESTE ANO.

A) NO POEMA, O QUE SIGNIFICA "LINDA PORTEIRINHA"? EXPLIQUE.

B) VOCÊ SABE O QUE SIGNIFICA "RECATO"? É O MESMO QUE VERGONHA, TIMIDEZ. POR QUE O POEMA DIZ PARA A CRIANÇA PERDER A VERGONHA E SORRIR?

C) NO TEXTO, "MASCARADO" QUER DIZER O MESMO QUE "FINGIDO", "FALSO", O CONTRÁRIO DE SINCERO.
QUE PESSOAS DÃO SORRISOS DESDENTADOS? VOCÊ JÁ DEU UM SORRISO COMO ESSE? DESENHE ABAIXO SEU RETRATO COM UM SORRISO DESDENTADO OU COLE UMA FOTOGRAFIA.

7 LEIA A SEGUIR O INÍCIO DE UMA HISTÓRIA.

Ilustrações: Mouses Sagiorato/Arquivo da editora

A MENINA QUE BRINCAVA COM AS PALAVRAS

ANA ERA UMA MENINA QUE INVENTAVA DE BRINCAR COM AS PALAVRAS.

PARA ELA AS PALAVRAS TINHAM COR E TINHAM TATO, COMO SE FOSSEM A PELE DE UMA ZEBRA.

AS PALAVRAS TINHAM GOSTO E TINHAM CHEIRO, COMO SE FOSSEM O GOMO E A CASCA DE UMA TANGERINA.

ESSA BRINCADEIRA A MENINA FAZIA DESDE BEM PEQUENINA. DO TEMPO EM QUE MAMAVA NOS SEIOS DA MÃE. DO TEMPO EM QUE SUA AVÓ CONTAVA HISTÓRIAS. DO TEMPO EM QUE ANA NEM SEQUER SABIA LER AS PALAVRAS ESCRITAS. LIA AS NUVENS, AS ESTRELAS, OS BICHOS, AS PESSOAS, AS RUAS E TUDO O QUE ERA DE FIGURA. OS NOMES DAS COISAS SÓ TINHAM SOM E VOZ NO SEU OUVIDO. MAS, NA SUA CABEÇA, AS PALAVRAS SOLTAS DESENHAVAM RABISCOS E ASAS NO AR.

QUANDO AS PALAVRAS SOAVAM, ANA PEGAVA ALGUMAS E INVENTAVA UM BRINQUEDO.

DEPOIS QUE APRENDEU A LER, ANA PEGOU UMA MANIA DE COLECIONAR LETRAS E PALAVRAS SOLTAS.

GUARDAVA TUDO EM CAIXINHAS COLORIDAS: NA CAIXA **VERDE** GUARDAVA AS COISAS QUE TINHAM GOSTO, NA CAIXA **AMARELA** AS COISAS QUE TINHAM CHEIRO, NA CAIXA **AZUL** AS COISAS QUE TINHAM SOM, NA CAIXA **VERMELHA** AS COISAS QUE TINHAM TATO E NUMA CAIXA **BRANCA** GUARDAVA TODAS AS COISAS QUE SE MISTURAVAM.

COM ESSA MANIA, DESCOBRIU QUE AS PALAVRAS ESTÃO SEMPRE GRÁVIDAS DE COISAS. DELAS NASCEM PESSOAS, BICHOS E LUGARES. NASCEM COISAS ANTIGAS E COISAS QUE NINGUÉM NUNCA VIU. ANA DESCOBRIU QUE MUNDOS DIVERSOS SAÍAM DAS PALAVRAS.

A MENINA DESCOBRIU TAMBÉM QUE DAS PALAVRAS NASCEM AS HISTÓRIAS. [...]

FABIANO DOS SANTOS. **A MENINA QUE BRINCAVA COM AS PALAVRAS**. SÃO PAULO: CORTEZ, 2006.

8 AGORA, ANALISE A HISTÓRIA E REVEJA O QUE VOCÊ ESTUDOU NESTE ANO.

A) O TEXTO DIZ QUE, QUANDO AS PALAVRAS SOAVAM, ANA BRINCAVA COM ELAS. PALAVRAS QUE SOAM SÃO AQUELAS QUE PRODUZEM SONS AGRADÁVEIS, INTERESSANTES OU DIFERENTES. E PODEMOS BRINCAR COM ELAS COMO NESTES TRAVA-LÍNGUAS:

> O SABIÁ NÃO SABIA QUE SABIA ASSOBIAR.
> TRÊS TIGRES TRISTES.

Ilustrações: Mouses Sagiorato/ Arquivo da editora

LEIA-OS EM VOZ ALTA. EXPERIMENTE LER COM VELOCIDADE CADA VEZ MAIOR.

B) QUAIS SÃO OS SENTIDOS RELACIONADOS A:

"PALAVRAS QUE TÊM CHEIRO": ______________________.

"PALAVRAS QUE TÊM GOSTO": ______________________.

C) PESQUISE O NOME DE COISAS DE SUA CASA E, DEPOIS, FAÇA COMO A PERSONAGEM DA HISTÓRIA: SEPARE-OS NAS CAIXAS COLORIDAS ABAIXO.

Ideário LAB/Arquivo da editora

D) CRIE UMA HISTÓRIA COM ESSAS PALAVRAS.

9 Leia a história a seguir.

O Sol e a Lua

Inimá saiu para caçar quando uma onça apareceu. O índio ficou com medo de virar comida de onça e disse:

— Onça, vamos fazer um trato? Em vez de você me comer, eu lhe dou minhas duas filhas; elas são muito bonitas.

— Está bem, disse a onça.

Inimá chegou em sua casa e se pôs a pensar no que teria de fazer para cumprir sua promessa.

Ele não queria dar as filhas à onça, e ficou matutando, matutando, até que teve uma ideia. Foi para o mato procurar Uégovi, o chefe dos paus, que lhe indicou duas árvores, uma de pau-amarelo, outra de pau-de--leite. O índio tirou dois pedaços de cada tronco e esculpiu dois bonecos com cara e corpo de gente. Levou os bonecos para casa, escondeu-os bem e foi dormir.

No meio da noite, os bonecos de madeira viraram gente. Quando o índio acordou, duas moças estavam no lugar dos bonecos.

— Como vão minhas filhas? Sou seu pai. Fui eu que fiz vocês, disse ele.

O índio passou o dia todo com as filhas, mas, quando chegou a noite, a coruja apareceu e disse que a onça estava esperando.

Então, as moças foram para a floresta. Depois de muito andar, deram numa encruzilhada e se separaram. A primeira encontrou um lobo, que logo foi agarrando a moça e a levou para sua casa. A segunda foi dar na casa da onça e contou o que tinha acontecido.

A onça foi buscar a irmã, que estava na porta da casa porque o lobo tinha saído. As irmãs passaram a viver com a onça. Então, uma das moças ficou grávida e teve os gêmeos Rit, que era o Sol, e Une, a Lua.

SALERNO, Silvana. **Viagem pelo Brasil em 52 histórias**. São Paulo: Companhia das Letrinhas, 2006.

10 Agora, analise a história e reveja o que você estudou neste ano.

a) Quais são os personagens citados no texto?

____

____

____

____

____

b) Invente um novo título para o texto.

____

c) Faça um pequeno resumo para contar o que acontece nessa história:

Banco de Imagens/Arquivo da editora

- primeiro escreva uma frase para contar o que acontece nos três primeiros parágrafos;
- depois, escreva outra frase para contar o que acontece no 4º, no 5º e no 6º parágrafo;
- finalmente, escreva uma frase para contar o que acontece nos dois últimos parágrafos.

____

____

____

____

____

____

____

____

____

____

____

____

____

____

____

____

d) Releia o texto e responda:

- Qual ser vivo apareceu à noite e contou a Inimá que a onça estava esperando pelas "filhas" dele?

- Que outros seres mais ativos durante a noite você conhece?

e) O texto fala sobre o Sol e a Lua.

- Qual desses corpos celestes pode ser visto durante o dia? E à noite?

- Cite outras coisas que podem ser vistas no céu e que o texto não menciona.

f) Converse com os colegas:

- Você conhece histórias cujos personagens são animais ou corpos celestes (como o Sol, a Lua e as estrelas)? De quais dessas histórias você mais gosta?

11 Você conhece a história dos três porquinhos? Aqui ela é contada de um jeito um pouco diferente, a começar pelo título. Leia.

Os 33 porquinhos

Era uma vez três porquinhos.

Eles viviam felizes e sossegados na casa de sua mãe.

Um dia, quando já eram crescidos, resolveram andar pelo mundo.

Eles passearam, passearam e passearam. Quando se cansaram de passear, decidiram que estava na hora de construir uma casa.

Os três começaram a conversar sobre a construção, mas deu a maior briga, porque cada um queria que a casa fosse de um jeito.

Então, eles se separaram e cada um construiu a sua.

Pernildo pegou uns caniços, fincou-os no chão e depois cobriu tudo com palha. Logo apareceu por ali o Lobo faminto. O Lobo deu um assoprão e a palhoça foi pelos ares. Desesperado, Pernildo correu para a casa do seu irmão...

Bisteco, que tinha feito uma casa de madeira. Quando o Lobo chegou ali, não teve dúvidas: estufou bem o peito e soprou com força. A cabana fez uns estalos – assim: "cléeeque" –, mas ficou firme. O Lobo não desistiu: soprou uma segunda vez com mais força, e aí não teve jeito: a casa veio abaixo. Então os porquinhos fugiram para a casa de...

Zé Toucinho, que demorou um tempão para fazer sua casa com cimento e tijolos. Mas valeu a pena, porque ela ficou bem forte. Os dois porquinhos entraram na casa de Zé Toucinho gritando: "Socorro! Socorro!".

Logo depois chegou o Lobo, que soprou uma, duas, três vezes. [...]

TORERO, José Roberto; PIMENTA, Marcus Aurelius. **Os 33 porquinhos**. Rio de Janeiro: Objetiva, 2012.

Idério LAB/Arquivo da editora

12 Agora, analise a história e reveja o que você estudou neste ano.

a) Essa, é claro, não é toda a história. Seus autores criaram várias outras possibilidades, com muitos outros porquinhos como personagens: são 33 ao todo. Por isso, ela se chama **Os 33 porquinhos**, e não **Os 3 porquinhos**, como a original.

Cada um desses personagens escolhe um tipo diferente de material para construir sua casa. Um deles usa cartas de baralho, outro prefere chocolate como material de construção.

- O que você acha que acontecerá quando o Lobo soprar a casa feita de cartas?

____

____

____

- E o que poderá acontecer com a casa feita de chocolate?

____

____

____

b) No trecho que você acabou de ler, quando o Lobo soprou, o que deve ter acontecido com a casa do terceiro porquinho? Por quê?

____

____

c) Escolha um material diferente dos que foram citados nesta página e na anterior e desenhe no caderno a casa que você faria com ele.

13 Você conhece as histórias do Sítio do Pica-Pau-Amarelo? Leia a história abaixo. Nela, Dona Benta, a avó da turma do Sítio, conta como surgiu o vidro.

Dona Benta costumava receber livros novos... Era o tipo da velhinha novidadeira.

Assim foi que, naquele bolorento mês de fevereiro, resolveu contar aos meninos um dos últimos livros chegados: **História das invenções do homem**.

[...]

— Comece, vovó! — disse Pedrinho. E Dona Benta começou.

— Dizem que o autor do vidro foi um mercador que atravessou o deserto da Síria. Havendo acampado em certo ponto, fez fogo na areia, em cima duns blocos de pedra, ou duma substância esbranquiçada que ele julgou ser pedra... Ao levantar acampamento na manhã seguinte, com assombro verificou que entre as cinzas brilhava uma substância desconhecida, dura, quebradiça, transparente. Era o vidro!

Banco de Imagens/ Arquivo da editora

MONTEIRO LOBATO. **História das invenções**. Rio de Janeiro: Globinho, 2014.

Ideário LAB/Arquivo da editora

14 Agora, analise a história e reveja o que você estudou neste ano.

a) Faça uma lista dos personagens citados no texto.

b) Invente um título para o texto e escreva-o no espaço reservado na página anterior.

c) O que você sabe sobre o vidro? Responda:

- O vidro é um material encontrado na natureza ou um material criado pelo ser humano?

- Como o vidro é fabricado? Em uma folha avulsa, faça alguns desenhos com legendas explicando a sua resposta.

d) Que tal você dar uma de Dona Benta? Reescreva essa história no caderno, só que agora Dona Benta deve explicar como é feita outra invenção humana: a cerâmica.

e) Converse com os colegas: Por ter sido descoberto por acaso, o vidro deveria ser considerado uma invenção humana?

Chegou a hora de finalizar este desafio! É o momento de organizar, com os colegas de classe, uma coletânea de histórias, letras de música e poemas.

- Com um colega, escolha o tema sobre o qual será a história, a letra de música ou o poema de vocês. O tema deverá ter sido estudado nas aulas de Ciências deste ano. A criação de vocês fará parte de uma coletânea da turma.
- Escrevam uma primeira versão da história, da letra de música ou do poema. Considerem-na o seu rascunho.
- Releiam a produção de vocês e definam um título.
- Revejam o texto. Depois, modifiquem o que julgarem necessário.
- Peçam a um colega que leia o que vocês produziram: ele fará críticas e também a revisão do que vocês criaram. Ele será o leitor crítico.
- Reescrevam o texto, procurando atender aos comentários do leitor crítico.
- Com os colegas e com a ajuda do professor, organizem as histórias, as letras de música e os poemas para montar a coletânea de textos produzidos pela classe.

Ciências

Projeto Ápis

2º ano

Caderno de atividades

editora ática

SUMÁRIO

Kami Queiroz/Arquivo da editora

UNIDADE 1

CAPÍTULO 1
DIFERENTES AMBIENTES

1 DESENHE EM UMA FOLHA AVULSA UM CAMPO AGROPECUÁRIO. PROCURE MOSTRAR TUDO O QUE PODE SER ENCONTRADO NESSE AMBIENTE.

VEJA COMO FICOU O DESENHO FEITO POR UMA CRIANÇA.

Banco de imagens/Arquivo da editora

2 **MURAL DA TURMA** EM OUTRAS FOLHAS AVULSAS, DESENHE OS OUTROS AMBIENTES QUE VOCÊ ESTUDOU. JUNTE SUA PRODUÇÃO COM A DOS COLEGAS E COLEM NO **MURAL DOS AMBIENTES**.

3 PREENCHA OS QUADROS ABAIXO.

SEMELHANÇAS ENTRE CIDADE E FLORESTA	DIFERENÇAS ENTRE CIDADE E FLORESTA

4 OBSERVE ESTA IMAGEM DE UM CAMPO AGROPECUÁRIO. FAÇA UMA LISTA DO QUE VOCÊ ACHA QUE PODEMOS ENCONTRAR NESSE AMBIENTE.

João Prudente/Pulsar Imagens

CAPÍTULO 2
CUIDADOS COM O AMBIENTE

1 OBSERVE A FOTOGRAFIA E RESPONDA ÀS QUESTÕES.

Gerson Gerloff/Pulsar Imagens

A) O QUE SE VÊ NA IMAGEM?

B) QUE SER VIVO DEVE TER ESTADO NESTE LOCAL? COMO VOCÊ CONCLUIU ISSO?

2 COM OS COLEGAS, CRIE UM CARTAZ ABORDANDO O TEMA: "ESCOLA, UM AMBIENTE DE TODOS". FAÇA DESENHOS PARA ILUSTRAR SEU CARTAZ!

Hagaquezart Estúdio/Arquivo da editora

3 LEIA ESTA HISTÓRIA EM QUADRINHOS.

- AGORA É A SUA VEZ! NO CADERNO, FAÇA UMA HISTÓRIA EM QUADRINHOS MOSTRANDO COMO VOCÊ E OS COLEGAS QUEREM MODIFICAR E CUIDAR DO AMBIENTE DA ESCOLA.

UNIDADE 1

CAPÍTULO 3
SERES VIVOS NO AMBIENTE

1 ORDENE AS IMAGENS ABAIXO NA SEQUÊNCIA DO MAIS JOVEM PARA O MAIS VELHO.

OS ELEMENTOS REPRESENTADOS NESTA PÁGINA NÃO ESTÃO NA MESMA PROPORÇÃO DE TAMANHO.

Fabio Colombini/Acervo do fotógrafo

Tomas1111/Shutterstock/Glow Images

Fabio Colombini/Acervo do fotógrafo

Picimpact/Corbis

Anneka/Shutterstock/Glow Images

2 PARA SE SAIR BEM NO JOGO DA FORCA, A DICA É A SEGUINTE: ESTA PALAVRA INDICA UMA CARACTERÍSTICA DOS SERES VIVOS.

Hagaquezart Estúdio/Arquivo da editora

3 QUE TAL ESCREVER DOIS PEQUENOS TEXTOS? EM UM DELES, CONTE COMO OCORRE O DESENVOLVIMENTO DO FEIJÃO; NO OUTRO, COMO ACONTECE O DESENVOLVIMENTO DAS MOSCAS.

VOCÊ PODE USAR AS IMAGENS DAS PÁGINAS 38 E 49 DO LIVRO DO ALUNO COMO BASE PARA PRODUZIR OS SEUS PRÓPRIOS TEXTOS.

DESENVOLVIMENTO DO FEIJÃO	DESENVOLVIMENTO DAS MOSCAS

4 VOCÊ CONCORDA COM A FRASE DO MENINO? POR QUÊ? ESCREVA SUA RESPOSTA NAS LINHAS A SEGUIR.

UNIDADE 2

CAPÍTULO 4
VOCÊ ESTÁ FICANDO MAIS VELHO

1 COMPLETE AS FRASES USANDO OS TERMOS DO BANCO DE PALAVRAS ABAIXO.

MOLARES	INCISIVOS	CANINOS	GENGIVA

A) A ______________________ PROTEGE E SEGURA OS DENTES.

B) EM UM ADULTO, ENTRE OS DENTES ______________________ E OS PRÉ-MOLARES FICAM OS DENTES ______________________.

C) OS DENTES ______________________ TRITURAM E AMASSAM OS ALIMENTOS.

2 AGORA, COMPLETE A CRUZADINHA COM AS PALAVRAS USADAS NO EXERCÍCIO ANTERIOR.

Hagaquezart Estúdio/Arquivo da editora

3 DESENHE A ÚLTIMA CENA DA HISTÓRIA: O QUE A CRIANÇA SE ESQUECEU DE FAZER ANTES DE IR COMER?

UNIDADE 2

CAPÍTULO 5
FERIMENTOS E CUIDADOS

1 ANALISE COM ATENÇÃO A ILUSTRAÇÃO ABAIXO.

Léo Fanelli/Arquivo da editora

A) QUANTAS SITUAÇÕES DE RISCO VOCÊ IDENTIFICA NA IMAGEM? CIRCULE-AS.

B) COMO ESSES RISCOS PODERIAM SER EVITADOS? CONVERSE COM OS COLEGAS.

CRIE UMA PLACA ALERTANDO SOBRE O RISCO DE NOS MACHUCARMOS EM ALGUMA SITUAÇÃO.

2 LEIA A HISTÓRIA EM QUADRINHOS ABAIXO E CONVERSE COM OS COLEGAS SOBRE A IMPORTÂNCIA DAS VACINAS E O **RECEIO** QUE ELAS PROVOCAM EM ALGUMAS PESSOAS.

RECEIO: SENTIMENTO DE INCERTEZA OU MEDO EM RELAÇÃO A ALGO QUE PODE ACONTECER.

- NO CADERNO, FAÇA UMA HISTÓRIA EM QUADRINHOS MOSTRANDO QUE TOMAR VACINAS PODE SER MAIS TRANQUILO DO QUE MUITAS PESSOAS COSTUMAM IMAGINAR.

UNIDADE 2

CAPÍTULO 6
EXPLORANDO ALGUNS SENTIDOS

1 LEIA O TEXTO A SEGUIR.

Léo Fanelli/Arquivo da editora

– SÓ ACREDITO NO QUE VEJO COM MEUS OLHOS, CHEIRO COM O MEU NARIZ, PEGO COM MINHAS MÃOS OU PROVO COM A PONTA DA MINHA LÍNGUA. – DIZEM OS ADULTOS, MAS NÃO É VERDADE. ELES ACREDITAM EM MIL COISAS QUE SEUS OLHOS NÃO VEEM, NEM O NARIZ CHEIRA, NEM OS OUVIDOS OUVEM, NEM AS MÃOS PEGAM... EM MIL COISAS INVISÍVEIS, INCHEIRÁVEIS, IMPEGÁVEIS, SEM SOM E SEM GOSTO. [...]

MONTEIRO LOBATO. **O SÍTIO DO PICA-PAU AMARELO**. SÃO PAULO: GLOBO, 2010.

A) VOCÊ JÁ PAROU PARA PENSAR EM COMO PERCEBE O MUNDO À SUA VOLTA? CONVERSE COM OS COLEGAS.

B) DE ACORDO COM O TEXTO DE MONTEIRO LOBATO, OS ADULTOS SÓ ACREDITAM NAQUILO QUE PERCEBEM COM OS OLHOS, O NARIZ, OS OUVIDOS OU AS MÃOS?

2 NO CADERNO, FAÇA UM DESENHO INDICANDO ALGUNS CUIDADOS QUE PODEM SER TOMADOS PARA NOS PROTEGERMOS DO SOL. VEJA COMO FICOU O DESENHO DE UM ALUNO.

Hagaquezart Estúdio/Arquivo da editora

3 AJUDE A COMPLETAR A CRUZADINHA COM AS LETRAS QUE FALTAM. DEPOIS, USE AS PALAVRAS QUE VOCÊ ENCONTROU PARA COMPLETAR AS FRASES.

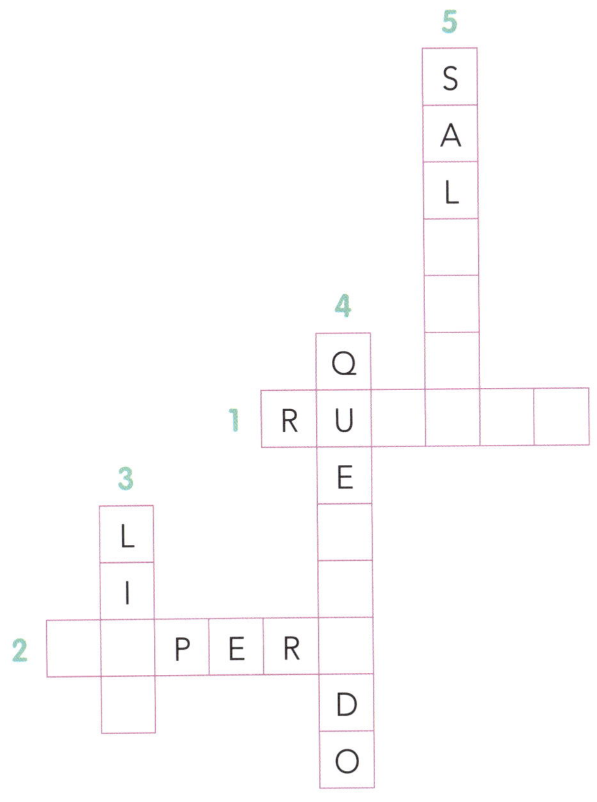

1. A MAIORIA DAS CASCAS DAS ÁRVORES É ______.
2. A SUPERFÍCIE DE UMA LIXA É ______.
3. A CAPA DESTE LIVRO É ______.
4. A FUMAÇA DE UMA FOGUEIRA TEM CHEIRO DE ______.
5. O GOSTO DE UMA AZEITONA É ______.

Unidade 3

Capítulo 7
Observando o dia e a noite

1 Leia a história em quadrinhos e desenhe, no espaço abaixo, como era o aspecto das nuvens que as crianças viam no céu.

Peanuts, Charles Schulz © Peanuts Worldwide LLC./Dist. by Universal Uclick

2 Observe a ilustração abaixo. Você concorda ou não com o que as crianças dizem?

Léo Fanelli/Arquivo da editora

3 No caderno, faça duas ilustrações do céu. Na primeira, indique com setas: "nuvens que parecem travesseiros, Sol, Lua, mar". Na segunda, aponte Sol, nuvens que parecem cabelos ou fios, campo, sombra das árvores. Veja como ficaram os desenhos feitos por um aluno.

Ilustrações: Hagaquezart Estúdio/Arquivo da editora

Unidade 3

Capítulo 8
Seres do dia e seres da noite

1 Identifique os seres vivos apresentados nas ilustrações abaixo. Depois, complete os quadros a seguir.

Ilustrações: Léo Fanelli/Arquivo da editora

Animais de hábitos diurnos	Animais de hábitos noturnos

2 Complete as frases e o esquema a seguir. Para isso, você pode utilizar as palavras ou expressões que aparecem no banco de palavras.

hábitos diurnos | podem ter | é um exemplo de | podem ter | exemplo

a) Os seres vivos ______________ hábitos diurnos ou hábitos noturnos.

b) O morcego ______________ animal de hábitos noturnos.

c)

ANIMAIS

____

HÁBITOS NOTURNOS → ______________ → MORCEGO

____

3 Leia a história em quadrinhos a seguir. Depois, termine de escrever a história, dando-lhe um título e completando o balão de fala em branco.

Hagaquezart Estúdio/Arquivo da editora

- Troque ideias com os colegas sobre a história em quadrinhos: cite uma diferença entre os hábitos da mariposa e os hábitos das crianças.

Unidade 3

Capítulo 9
Como estará o tempo?

1 Observe os desenhos feitos por um aluno. Depois, baseando-se neles, escreva um pequeno **boletim meteorológico** para cada uma das situações.

A

Ilustrações: Hagaquezart Estúdio/Arquivo da editora

B

C

2 Releia os boletins meteorológicos apresentados pela telejornalista, nas páginas 132 e 133 do Livro do Aluno. Depois, organize as informações nesta tabela que começou a ser feita.

Condições do tempo	Temperatura mínima	Temperatura máxima
Céu claro e sem chuva para todo o fim de semana.	22 graus	
Céu claro com sol. Ventos fortes deixarão o mar agitado.		
Dia chuvoso.		
Sol entre nuvens e chuvas ocasionais.		
Céu parcialmente nublado, mas sem possibilidade de chuva.		

3 Agora, faça desenhos para representar o que você faz em diferentes momentos do dia. Procure retratar em cada desenho como está o tempo.

Compartilhe seus desenhos com os colegas e veja os que eles fizeram. Será que os colegas representaram o tempo como você?

Manhã

Tarde

Noite

Unidade 4

Capítulo 10
Invenções para ver e para ouvir

1 A cruzadinha abaixo já está completa. Crie uma frase para cada resposta, como no exemplo.

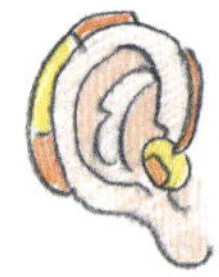
Hagaquezart Estúdio/Arquivo da editora

Mouses Sagiorato/Arquivo da editora

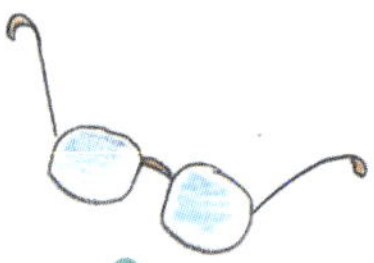
Hagaquezart Estúdio/Arquivo da editora

Hagaquezart Estúdio/Arquivo da editora

Mouses Sagiorato/Arquivo da editora

										1			2		
					5	L	I	B	R	A	S				
										U					
										D			Ó		
3	M	I	C	R	O	S	C	Ó	P	I	O		C		
					4	L	U	N	E	T	A		U		
										I			L		
										V			O		
	6	O	F	T	A	L	M	O	L	O	G	I	S	T	A

1. É o nome do aparelho usado por pessoas com problemas de audição.

2. ____

____

3. ____

____

4. ____

____

5. ____

____

6. ____

____

2 Como uma pessoa que usa óculos vê as coisas quando está sem eles? E como uma pessoa que necessita de aparelho auditivo ouve quando não o está usando? Para descobrir, use o roteiro abaixo para entrevistar alguém que use óculos ou aparelho auditivo e registre suas respostas no caderno.

> Procure seguir o roteiro. Depois, compartilhe com os colegas a entrevista que você fez.

- Nome do entrevistado.
- Há quanto tempo usa óculos ou aparelho auditivo?
- Como você descobriu que precisava usar?
- O que você sente a respeito de usar óculos ou aparelho auditivo?

3 Com base no que você aprendeu ao ler a entrevista da oftalmologista na página 144 do Livro do Aluno, termine de fazer o último quadrinho da história abaixo.

Hagaquezart Estúdio/Arquivo da editora

Capítulo 11
Invenções, quente e frio

1 A cruzadinha já está resolvida! Termine de escrever as questões que podem ser usadas para identificar cada um de seus itens. Veja o exemplo.

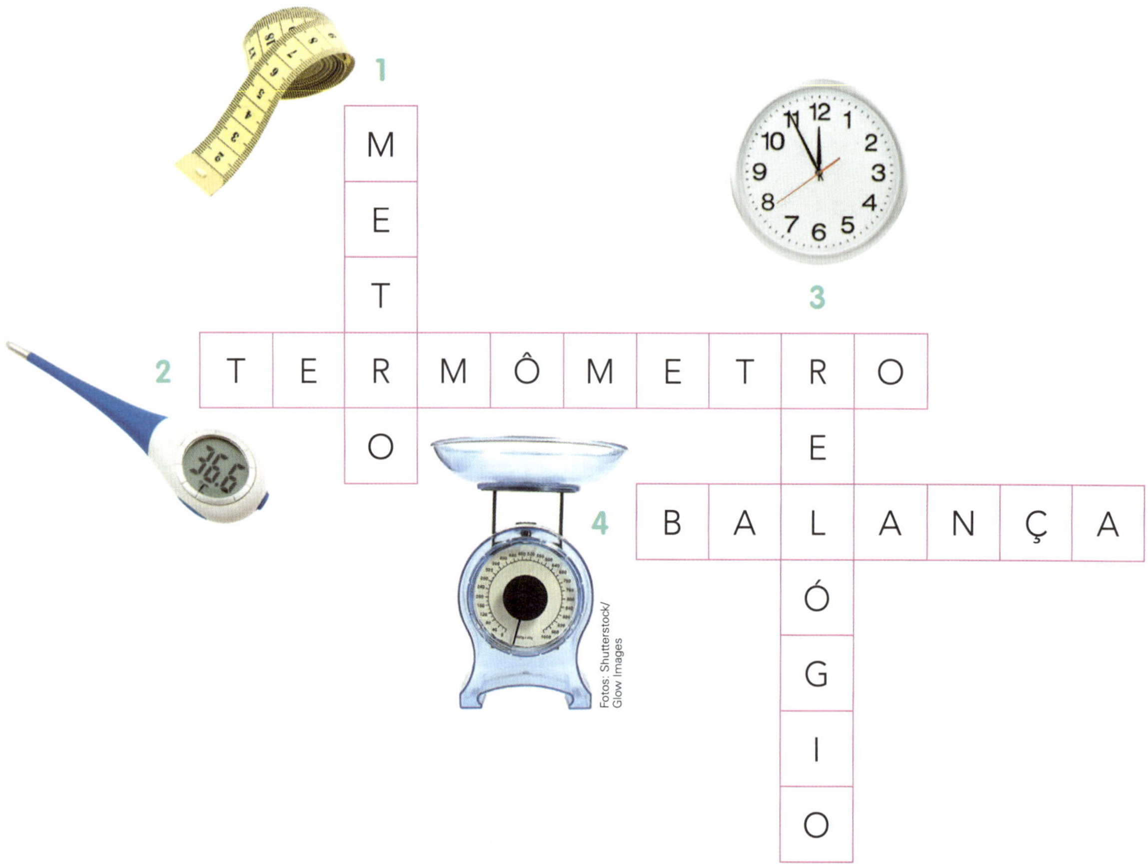

Fotos: Shutterstock/ Glow Images

1. Com qual instrumento eu posso medir a minha altura?

2. ______________________________

____

3. ______________________________

____

4. ______________________________

____

2 Os alunos de uma escola usaram um termômetro para medir a temperatura em diferentes locais. Analise os dados obtidos por eles e responda:

Local	Temperatura
Área ensolarada do pátio	29 °C
Sala de aula	27 °C
Interior da geladeira do refeitório	5 °C

Shutterstock/necete da me prevarite

a) Em que lugar foi registrada a maior temperatura? E a menor?

____

____

b) Pinte no termômetro ao lado a posição da coluna de líquido da maior temperatura medida.

3 Leia a história em quadrinhos a seguir.

Hagaquezart Estúdio/Arquivo da editora

- O que aconteceu com o gelo?

____

____

____

Unidade 4

Capítulo 12
Invenções, objetos e materiais

1 Complete os esquemas abaixo com exemplos de matéria-prima.

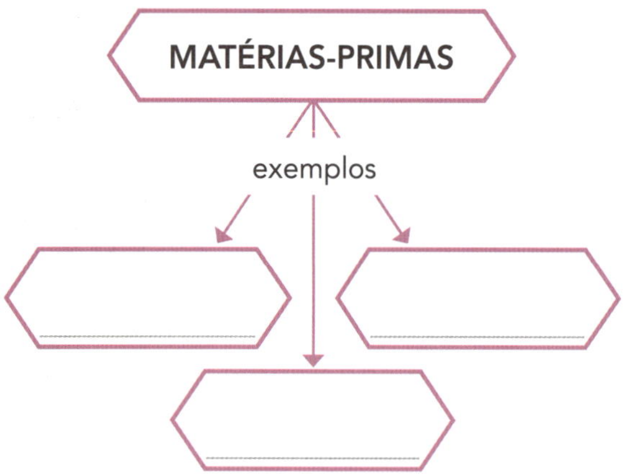

2 Na conversa das duas meninas, uma frase está correta e a outra está errada.

Agora, responda:

a) Qual é a frase errada?

____

b) Explique qual é o erro.

____

c) Corrija a frase errada.

____

3 Consulte o banco de palavras e preencha as listas abaixo indicando o que é objeto e o que é material.

copo	vidro	tecido	madeira	cortina	moringa
janela	panela	peneira	barro		
prato	colher de pau	metal	plástico	xícara	
estojo	vaso	azulejo			

Lista de objetos	Lista de materiais

UMA LEITURA - UM RESUMO

UNIDADE 1 – AMBIENTE E SERES VIVOS

EM SUA RESPOSTA, PROCURE RESUMIR AS COISAS MAIS IMPORTANTES QUE VOCÊ ACHA QUE APRENDEU NA UNIDADE 1 DO LIVRO.

LEIA A HQ E DEPOIS, NO CADERNO, RESPONDA À QUESTÃO.

- COMO VOCÊ PODE CONTRIBUIR PARA CUIDAR DO AMBIENTE?

UNIDADE 2 – DESENVOLVIMENTO E CORPO HUMANO

LEIA O TEXTO E DEPOIS, NO CADERNO, RESPONDA ÀS QUESTÕES.

OS OSSOS SÃO VIVOS!

VOCÊ SABIA QUE OS OSSOS DO SEU CORPO CRESCEM JUNTO COM VOCÊ? ESSE É UM DOS MOTIVOS PELOS QUAIS AS CRIANÇAS FICAM MAIS ALTAS COM O PASSAR DOS ANOS.

ALÉM DISSO, OS OSSOS TAMBÉM TÊM UMA GRANDE CAPACIDADE DE RECUPERAÇÃO.

É GRAÇAS A ISSO QUE AS PARTES QUEBRADAS DE UM OSSO SE UNEM.

QUANDO CHEGAMOS À IDADE ADULTA, NOSSOS OSSOS PARAM DE CRESCER, MAS ELES CONTINUAM CAPAZES DE SE RECUPERAR. JÁ OS OSSOS DAS PESSOAS IDOSAS NÃO SE RECUPERAM COM TANTA FACILIDADE.

GERALMENTE, AS FRATURAS ÓSSEAS OCORREM POR ACIDENTE. COMO CRIANÇAS, ADOLESCENTES, ADULTOS E IDOSOS ESTÃO SUJEITOS A ACIDENTES, QUEBRAR UM OSSO É ALGO QUE PODE ACONTECER A QUALQUER UM. POR ISSO É IMPORTANTE TOMARMOS BASTANTE CUIDADO PARA EVITAR ACIDENTES.

- QUE CUIDADOS VOCÊ TOMA NO DIA A DIA PARA EVITAR ACIDENTES?
- QUANDO ERA MAIS NOVO, VOCÊ TOMAVA ESSES CUIDADOS?

EM SUA RESPOSTA, PROCURE RESUMIR AS COISAS MAIS IMPORTANTES QUE VOCÊ ACHA QUE APRENDEU NA UNIDADE 2 DO LIVRO.

Hagaquezart Estúdio/Arquivo da editora

Unidade 3 – O dia, a noite e o tempo

Leia o texto a seguir e depois, no caderno, responda à questão.

Em sua resposta, procure resumir as coisas mais importantes que você acha que aprendeu na unidade 3 do livro.

A samaumeira que escurecia o mundo

No princípio, estava tudo escuro, sempre frio e sempre noite.

Uma enorme samaumeira, *wotchine*, fechava o mundo, e por isso não entrava claridade na Terra.

Yo'i e Ipi ficaram preocupados. Tinham que fazer alguma coisa.

Pegaram um caroço de araratucupi, *tcha*, e atiraram na árvore para ver se havia luz do outro lado. Através do buraquinho, os irmãos enxergaram uma preguiça-real que prendia lá no céu os galhos da samaumeira.

Jogaram muitos e muitos caroços e assim criaram as estrelas.

Jussara Gomes (Org.). **O livro das árvores**. Benjamin Constant: Organização geral dos professores ticuna bilíngues. Disponível em: <www.dominiopublico.gov.br/download/texto/me002040.pdf>. Acesso em: mar. 2017.

Ilustrações: Organização Geral dos Professores Ticuna Bilíngues/Arquivo da editora

Pergunte a seus familiares se eles conhecem histórias sobre o surgimento das estrelas, da Lua e do Sol. Depois, compartilhe com os colegas as histórias que você ouviu.

- Quais são as diferenças que você conhece entre o dia e a noite?

Unidade 4 – Invenções, sentidos e materiais

Leia o texto abaixo e depois, no caderno, responda às questões.

Esculturas de... água?

Você já fez um castelo de areia?

Em nosso país, é muito comum ver pessoas brincando de fazer esculturas de areia na praia. O que é raro por aqui, mas não impossível, é encontrar alguém que já tenha feito um boneco de neve!

Em alguns países, construir bonecos e esculturas de neve e/ou gelo é uma grande diversão nas épocas mais frias do ano!

E você já parou para pensar que quem faz um boneco de neve está fazendo uma escultura de água? Podemos dizer isso porque neve é água no estado sólido.

- Quais são os exemplos de matérias-primas que você conhece?
- Como podemos usar a água como matéria-prima?

Em sua resposta, procure resumir as coisas mais importantes que você acha que aprendeu na unidade 4 do livro.

Pedro Stabile/Olhar Imagem

Boneco de neve feito na cidade de Canela, Rio Grande do Sul, em 2014.

Luo guifeng/Shutterstock

Artistas trabalhando em escultura de neve na cidade de Harbin, China, em 2017.